南方大树抢救性移栽技术
研发与运用

主　编 ◎ 杨德勇

副主编 ◎ 张发山　熊昌荣　郑克锐　谭　斌

　　　　　陈正唐　白祖云　朱明妍

YNK 云南科技出版社

·昆明·

图书在版编目（CIP）数据

南方大树抢救性移栽技术研发与运用 / 杨德勇主编.

昆明 : 云南科技出版社，2024. 6. -- ISBN 978-7-5587-
5698-6

Ⅰ. S725

中国国家版本馆 CIP 数据核字第 2024RK6871 号

南方大树抢救性移栽技术研发与运用
NANFANG DASHU QIANGJIUXING YIZAI JISHU YANFA YU YUNYONG

杨德勇　主编

出 版 人：温　翔

策　　划：李凌雁

责任编辑：赵　敏

封面设计：长策文化

责任校对：秦永红

责任印制：蒋丽芬

书　　号：ISBN 978-7-5587-5698-6

印　　刷：昆明德鲁帕数码图文有限公司

开　　本：787mm×1092mm　1/16

印　　张：10.75

字　　数：250千字

版　　次：2024年6月第1版

印　　次：2024年6月第1次印刷

定　　价：86.00元

出版发行：云南科技出版社

地　　址：昆明市环城西路609号

电　　话：0871-64192481

编 委 会

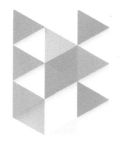

前　言
Preface

　　随着城市建设的快速发展和工程建设的快速推进，大树移栽已成为社会经济发展中常见的保护和改善生态环境的重要手段。特别是我国基础设施建设的快速发展，公路、铁路、机场、水利设施等项目建设通常会占用部分大树的原生地，甚至有时会占用珍稀保护树木或古树名木的原生地。对珍稀保护树木、古树名木和其他具有特殊价值的大树进行移植，是当前我国保护珍稀植物和古树名木的重要措施之一。党的十八大把生态文明建设列入"五位一体"的总体布局，在各项工程建设中，生态环境的保护得到了前所未有的重视，常规的大树移植措施已不能满足工程建设的需要，因此，大树抢救性移栽应运而生，逐渐成为大树移植工作中的重要方法。

　　本书作者参与了金沙江白鹤滩水电站淹没区巧家县境内国家二级保护植物红椿、古树以及有价值大树的抢救性移栽工作，根据实践经验，并在编著过程中参考了大量的大树移栽、反季节移栽的相关文献，首次总结了大树抢救性移栽的概念，首次探讨并明确了大树抢救性移栽的标准，首次全面分析了大树抢救性移栽的特点和影响大树成活的各种因素，首次提出了适宜抢救性移栽的判断标准，研发了大树抢救性移栽中的浅坑堆栽法，论述了浅坑堆栽法的优劣。为了给今后大树抢救性移栽提供一定的参考，在参与移栽团队的共同努力下，编写了《南方大树抢救性移栽技术研发与运用》一书。

　　本书在编写过程中得到了很多同行专家的支持与帮助，得到了金沙江白鹤滩水电站淹没区大树抢救性移栽团队的支持。感谢所有对本书给予支持、帮助的人员，特别感谢昭通市林业和草原局白祖云正高级工程师的指导，感谢贵州遵义湄潭盆景协会会长熊昌荣的技术支持与帮助。

　　由于本书编者学识水平有限，书中难免有不足或不妥之处，敬请广大读者指正！

编　者

目　录
Contents

第一篇　南方大树抢救性移栽技术

第二篇 南方大树抢救性移栽技术的运用
——金沙江白鹤滩水电站淹没影响区（云南）大树抢救性移栽

第一篇

南方大树抢救性移栽技术

　　随着现代城市建设的快速发展和城市绿色生态环境建设要求的不断提高，大树移栽已成为园林绿化中经常采用的重要手段和技术措施。同时，随着社会经济的不断发展，我国基础设施建设举世瞩目，持续推进公路、铁路、机场、水利设施等项目建设通常会占用部分大树的原生地，对具有保护价值和景观价值的大树、古树名木进行移栽，是保护大树的重要途径。城市绿化和交通、水利等基础设施项目中的大树移栽，既为研究大树移栽技术提供了实践平台，也为规范大树移栽技术标准奠定了基础，对推进生态文明建设具有重要的意义。

　　目前大树移栽较为普遍，技术也较为科学和成熟，但大多为常规移栽，移栽过程较长，需要进行前期断根缩坨等技术处理，也多有假植的过程。有时由于工程建设进度或自然灾害等特殊原因，会出现突发事件，对受影响的大树需要在短时间内进行移栽，因而提出抢救性移栽这一概念。抢救性移栽事件突发，工期短，任务重，可能是在大树休眠期移栽，也可能是反季节移栽，但不论是什么季节移栽，都具有准备时间短、移栽时间短、移栽情况复杂多变、移栽难度大、成本高、风险大等特点。抢救性移栽对不同的移栽对象、不同的移栽季节或时间、不同的移栽气候条件等都要求采取相应的技术措施，移栽难度也不尽相同，如野生植物移栽比人工培育的大树移栽难度大，反季节移栽比正常季节移栽难度大。

　　本篇章节根据作者所完成的大树抢救性移栽实际案例，结合以往大树移栽的成果，探索出南方大树抢救性移栽的技术措施和经验，为生态文明建设中实施大树抢救性移栽提供参考。

第一章 大树移栽基本概念

Chapter 1

大树移栽是将原生地大树迁移至他处栽植的措施，是一项投入大、见效快、以改善移植目的地小环境或保护大树为目的的行为，风行于园林绿化，适用于各类工程项目中国家珍稀保护树木和古树名木的抢救性保护和保存。大树移栽在园林中运用已久，早在17世纪60年代，法国国王路易十四就曾从森林中移来参天大树，种植在凡尔赛宫苑中。随着我国城市建设步伐的加快，"大树进城"风靡一时，虽然多以破坏大树原生地生态环境为代价，但却在短时间内改变了城市园林景观，同时也为工程项目建设中受影响的大树的移载提供了借鉴。

■ 一、大树的基本概念

（一）什么是大树

1. 大树普遍定义

根据《园林绿化工程施工及验收规范》CJJ/T 82—2012（2013年5月1日），树木的规格符合下列条件之一的均应属于大树。

（1）落叶和阔叶常绿乔木：胸径在20cm以上。

（2）针叶常绿乔木：株高在6m以上或地径在18cm以上。

2. 大树的地方性相关规定

我国幅员辽阔，南北气候差异较大，甚至同一省份不同县域气候也各不相同，各地方部门均分别出台了符合当地实际、具有明显地域特征的关于大树的相关规定。

北京市：北京市园林局在《北京市大树移栽施工技术规程》（2001）规定："移栽干径15～40cm的乔木或需带直径1.5～3m土球移栽的树木属于大树移栽。"北京市质量技术监督局《园林绿化工程施工及验收规范》（DB 11/T 212—2017）中定义：大规格苗木为胸径18cm以上的落叶乔木、高度8m以上的常绿乔木。

上海市：上海市园林局《上海市大树移栽技术规程》（1996）规定："珍稀名贵树（包括古树名木）的移栽"也属于大树移栽，并规定移栽难度较大的大树也可参照该规程执行。

贵州省：贵州省住房和城乡建设厅发布的《贵州省城镇园林绿化工程施工及验收规范》（DBJ 52/T 109—2021）中，古树是指树龄在100年以上的树木；名木是指依法认定的稀有、珍贵树木和具有历史、文化价值以及具有重要纪念意义的树木；大树是指古树名木之外，胸径在100cm以上的树木。大规格树木是胸径在20cm以上的落叶和阔叶常绿乔木；株高在6m以上或地径在18cm以上的针叶常绿乔木。

四川省：四川省《城市园林绿化操作规程》（DB 51/50016—1998）中，大树指胸径为10～30cm的乔木，高度在3.5m以上的灌木或土球直径在1m以上的树木。

昆明市：昆明市《园林绿化工程验收规范》（DB 5301/T 23—2019）中，大规格苗木为胸径15cm以上的苗木。

广西：广西壮族自治区质量技术监督局《大树移栽技术规程》（DB 45/T 1821—2018）中定义，大树移栽是将胸径在20cm以上的落叶乔木和胸径在15cm以上的常绿乔木移栽到异地的活动。

3. 大树的定义

在过去的实践中，大树采用普遍性定义，即树木胸径在20cm以上的落叶和常绿阔叶乔木，株高在6m以上或地径在18cm以上的针叶常绿乔木为大树，同时保护植物、古树名木的移栽也属于大树移栽的范畴。

4. 对抢救性移栽中大树概念的探讨

目前，各地对大树的相关技术标准不同，通常采用《园林绿化工程施工及验收规范》CJJ/T 82—2012标准，但园林绿化与抢救性保护的目的、移植的对象等不尽相同，因此，标准也应不同。从目的来看，园林绿化中移植的大树是为了满足改善局部的生态景观环境，树木的大小是根据建设方经济承受能力和满足受益者的需求，以及当地园林苗圃中人工种植的大树种类及规格来确定的，只有在园林苗圃不能满足要求的情况下才远距离移植大树，通常要求的树木规格都比较大，景观效果才好。抢救性移栽多是以保护为目的，不能只保护树木胸径在20cm以上的落叶和常绿阔叶乔木，或株高在6m以上和地径在18cm以上的针叶常绿乔木。从移植的对象看，园林绿化中的大树移植对象范围显然更广泛，具有不确定性，而抢救性移栽保护对象重点是珍稀保护树种和古树名木以及其他有价值的树木。从法律层面看，采挖胸径在5cm以上的树木需要办理采伐（挖）手续。两者有相同之处，也有不同的地方，因为抢救性移栽的大树胸径在5cm以上，而园林绿化用的大树移栽胸径大多在10cm以上。

作者认为，抢救性移栽大树应包括古树、胸径大于或等于5cm的名木、珍稀保护树种和其他有价值的树木。古树是存档挂牌保护的，胸径都在"CJJ/T 82—2012"普遍定义的大树范畴；胸径小于5cm的名木、珍稀保护树种和其他有价值的树木属于幼树，可以参照大树移栽技术进行抢救性移栽。

（二）大树的基本类型

1. 按树种生态特性划分

（1）常绿阔叶树。常绿阔叶树的叶子寿命比较长，落叶的同时长新叶，一年四季都保持有绿叶。常见的有桂花、杨梅、榕树、楠木、樟科树种等，云南分布较多，亚热带常绿阔叶林中分布的几乎都是常绿阔叶树。

（2）落叶阔叶树。落林阔叶树秋季树叶变黄，冬季落叶，常见的有银杏、滇朴、柏杨、垂柳、榆树、白玉兰、樱花、国槐、元宝枫、紫薇、石榴、攀枝花等。

（3）针叶树。针叶树是树叶细长如针的树，多为常绿树，大部分松、柏科都是常绿树，常见的有华山松、雪松、云南松、杉木、柏木等；也有落叶性针叶树如落叶松。

常见大树如图1-1所示。

常绿阔叶大树	落叶阔叶大树	针叶大树

图1-1 常见大树图

2. 按大树属性（用途价值）划分

（1）景观大树。景观大树是大树移栽的常见类型，通常园林绿化移栽的大树都是景观大树。景观大树很多是在园林苗圃中培育的，大多数是城市园林绿化改造工程中需要调整的种植了几十年的树木，经苗圃定植培育后移栽，根系比较发达，移栽成活率高。栽植基质土壤较好，便于挖掘土球或箱板苗的土台，移栽的困难小，成本相对较低。景观大树也包括农村村寨周围房前屋后形状特异的大树，大多为人工栽植，也不乏少量天然生长的大树。

（2）古树名木。根据国家林业和草原局2023年9月25日发布的《古树名木保护条例》，古树，是指树龄在100年以上的树木；名木，是指具有重要历史、文化、科学、景观价值或者具有重要纪念意义的树木。古树名木多分布于城市区域或村寨周边，既有人工栽植的，也有天然生长的，不仅具有较高的历史文化价值，还具有一定的景观价值。

（3）重点保护野生植物。重点保护野生植物，特别是纳入《国家重点保护野生植物名录》的植物，不论什么原因受到影响，均要进行保护，最有效的措施是进行移栽。野生植物移栽是指因为某种原因将天然野生植物移栽至相似环境区域的移栽活动，胸径大于和等于5cm的属于大树移栽，胸径小于5cm的野生保护植物属于幼树移植，参照大树移栽技术进行移植。工程建设中，重点保护野生植物除经过论证确实不具备移栽条件外，基本上都采用近地移栽保护，目的是保护物种。天然野生大树都是野外实生的，生长环境千差万别，立地条件不同，大树根系发展及萌发程度也不同，大多根系分布没有规律，直根发达，侧根很少，移栽断根后根系损失较多。

（4）具有特殊价值的大树。具有特殊价值的大树是指对某一事件或某一群体具有特殊意义的大树，可能是景观效果好，可能是材质优良，亦可能是对某一事物有特殊意义，由移栽组织者或责任单位确定。如白鹤滩水电站淹没区巧家县村民种植的杧果树，移民后政府决定对村民种植的杧果树进行抢救性移栽，可以让当地移民记住乡愁，保留一定的经济效益，同时也具有较高的绿化效果。也有一部分大树造型优美，景观价值较高，当地政府也决定进行抢救性移栽，作为乡村振兴及村庄绿化的后备树种。

不同属性大树见图1-2所示。

景观大树（银杏树）　　　　古树（黄葛树）

二级保护树种（红椿）　　　　特殊价值大树（杧果树）

图1-2　不同属性大树图

二、大树移栽的基本概念

（一）大树移栽的背景

大树移栽是园林绿化的重要技术手段，但在改革开放初期很少应用。20世纪90年代，各大城市开始应用，首当其冲的是上海及浙江等地的城市，当时反对者较多。在房地产行业兴旺之时，各个现代化的小区大规模兴起，大树移栽在经济利益的推动下风靡一时，成为高档社区景观打造的首选。

随着现代城市建设的快速发展和建设森林城市的提出，大树移栽已成为园林绿化中经常采用的重要手段和技术措施，在一定经济和技术条件下，适当移栽大树，可以在最短的时间内改变城市某个小区或街道环境的自然面貌，较快地发挥城市园林绿地的生态效益与景观效益，及时满足重点或大型市政工程的绿化美化要求。

同时，大树移栽也是保护有价值的树种的特殊途径。随着社会经济的不断发展，我国基础设施建设举世瞩目，公路、铁路、机场、水利设施等项目建设通常会占用大树的生存环境，对具有保护价值和景观价值的大树进行移栽，是保护有价值的大树的重要措施。通过将这些大树移栽到与原生环境相似的地方，使其能够继续正常生长，不仅保护了有价值的大树，也保障了工程建设的顺利进行。

大树移栽具有移栽条件复杂，技术要求较高，工程量较大等特点。在实际移栽工作中，所移栽的树木大小各有不同，特别是移栽城市区域的古树，胸径可能达到200～300cm，甚至更大。

随着大树移栽的普及，移栽的形式、条件以及移栽时间各不相同。如野生大树移栽比人工培育的大树移栽难度大，因野生树木生存环境特殊，每一株生长环境、土壤等立地条件均不同，带土球的完整性等诸多因素导致移栽难度大，技术措施也有区别；反季节移栽比正常季节移栽难度大，因为反季节移栽是在大树生长活跃期，水分、营养消耗快，蒸腾作用也使水分流失较快。有时由于工程建设进度原因或工期短，需要及时对大树进行移栽，通常称为抢救性移栽。抢救性移栽具有移栽时间短、突发的特点，有时候移栽季节适合，但移栽时间短，有时既是反季节移栽又是抢救性移栽，移栽情况复杂多变，移栽难度大，成本高，风险大。

近年来，大树移栽既是园林景观绿化的重要手段，也是工程建设中保护大树的有效途径，逐渐成为为生态建设服务的重要手段。公园建设、园林绿化都离不开大树，移栽大树能快速改变景观效果；工程建设中大树移栽也是必备的手段，如白鹤滩水电站建设既移栽了国家二级重点保护植物红椿，同时也移栽了古树及具有较高价值的大树。

（二）什么是大树移栽

1. 大树生存的必要条件

地上部分。树干树叶需要水分、养分、光照、呼吸等，只有良好的光合作用，吸收养分，树体才能存活。

地下部分。地下具有适当的水分、养分、氧气、根的呼吸、益生菌、根压等有利条件时，树体才能健康存活。

因此，地上、地下部分适宜的条件缺一不可，有些树木死亡就是因为地下根腐烂，根基断了，树体也将不复存在。

2. 大树移栽定义

大树移栽是把大树从原生地迁移至异地栽植的活动。大树移栽的目的是保护大树或改善移栽地区域生态景观效果，因而大树移栽首先是要保证移栽成活，其次要保持大树形态的基本骨架，达到改善移栽地景观的目的。

（三）大树移栽的基本原理

1. 近似生境原理

我国幅员辽阔，生物多样性十分丰富，不同种的大树生存环境差异较大，不同环境条件决定了相应树木的生存。大树移栽要按照近似生境原理进行。近似生境原理是指移栽地与原生地光、气、热等小气候条件和土壤条件（土壤酸碱度、养分状况、土壤类型、干湿度、透气性等）相近。如果把生长在酸性土壤中的大树移栽到碱性土壤中，把生长在寒冷高山上的大树移栽到气候温和的平地，其生态环境差异大，如果不人为打造小环境，移栽不会成功。因此，为减少移植成本和管护成本，移栽地生境条件必须与原生长地生境条件近似，大多采取近地移栽。移栽前，应对大树原生地的土壤气候条件进行测定，根据测定结果，尽量使移栽地接近原生地的生境条件，提高大树成活率。

2. 树势平衡原理

大树移栽树势平衡主要是指大树的地上部分和地下部分必须保持营养、水分等相对平衡。移栽大树时，要根据其根系的分布情况及断根等对根系造成的伤害情况，判断对地上部分进行修剪的强度，使地上部分和地下部分的生长情况基本保持平衡，因为供给根系发育的营养物质来源于地上部分，对枝叶修剪过多不仅会影响树木的景观，也会影响根系的生长发育。同时，若地上部分枝叶过多，植物蒸腾量大于地下根部水分吸收量，就会造成大树脱水死亡。因此，保持树势平衡在大树移栽中是非常重要的，如果地上部分枝叶保留过多，超过地下部分所留比例，移栽后就需要采取相应措施如搭建遮阴网、喷洒蒸腾抑制剂、包裹树干等减少蒸腾作用。

在大树生长过程中，树势平衡是指构成树冠的各骨干枝之间长势平衡，特别是果树类大树如白鹤滩水电站淹没区移栽的杧果树，骨干枝与大型辅养枝、大型结果枝之间强弱方面要保持平衡，如果出现异常现象，则会出现树势不平衡。树势不平衡现象的表现是多方面的，不论是全树的还是局部的树势不平衡，都应该及时加以调整，如果任其发展，势必造成树形紊乱，破坏牢固的树体结构，影响正常的生长结果和果树的经济寿命，因此大树移栽后，在管护期要对大树进行修剪，修剪基本原则是抑强扶弱。所谓"抑强"就是抑制强旺枝的生长势，其措施包括开张角度、去强留弱、去直留平等措施。所谓"扶弱"就是促进衰弱枝的生长势，其措施包括缩小垂直角度、去弱留强、去平留斜等措施。

3. 树体营养及抗逆性原理

大树是胸径大于或等于5cm的树木，一般都是处于生长旺盛期的壮龄树，树体营养丰富，移栽成活后能在短期内恢复生长。大树移栽季节一般均选在秋季或早春，此时，大树处于生长休眠期，树干的韧皮部积累了大量营养，大树因移栽使其根部和枝叶受到损伤后，其体内主要靠树干韧皮部积累的营养来恢复根系和枝叶的重建。如果是反季节移栽，则需要外部补充营养来维持大树的复壮。

大树的抗逆性是指大树本身有抵抗不利环境的性状，如抗寒、抗旱、抗病虫害等。根据抗逆性的原理，大树移栽中树体本身可以抵抗不利环境带来的影响，同时通过物理措施增强大树抗逆性，使大树适应新的环境。

■ 三、大树移栽的意义

（一）大树移栽在园林绿化中的意义

1. 能在最短的时间内改变景观

移栽的大树在原生地已形成了不同的景观形态，适应性和再生能力都较强，移栽一旦成活，能在最短时间内改变移栽区域的环境面貌，较快地发挥绿色景观效果。根据不同的需求，选择不同的树形，如行道树应选择干直、冠大、有良好遮荫效果的树木，而用于庭院观赏的树木，应选择造型美观的树木，均能在最短的时间内改变移栽区域的景观效果。

2. 能取得良好的园林生态效益

园林绿化的生态效果评价标准是该区域范围内绿地总量的多少，大树比草本、灌木形成的叶面积总量更大，产生的生态效果也更好。大树移栽后可以达到一年成景、三年成荫的效果，大树的存在能使园林形成良好的植物群落，将大树与灌木、草本相间种植，科学合理搭配，不仅能充分利用土地和光、热、水资源，还能实现对园林的合理规划，形成乔、灌、草相结合的立体景观，最大限度地发挥生态效益。

（二）大树移栽对保护植物的意义

随着我国经济的快速发展，各类工程建设项目迅速兴起，路网建设、水利工程等工程项目的建设通常会影响部分重点保护野生植物的原生环境。为了保护植物不受工程建设影响，在发展中保护、保护中发展，对保护植物采取移栽的方式，既不影响工程建设，又有效地保护了野生植物。因此，移栽是对保护野生植物进行保护的最有效措施。

（三）大树移栽对古树名木的意义

基于以下原因，古树名木需要进行移栽保护。

1. 工程建设对古树名木的影响

随着各类工程项目的增多，特别是在城市化步伐加快的今天，一些重点建设工程需要占据一些古树名木的原生地，实施古树名木移栽是保存、保护这些古树名木的重要手段。

2. 原生地生态环境变化

由于古树名木原生地生态环境变化，原生地环境不能满足树体的正常生长，因此近地移栽古树名木到适合的生存环境，也是保护古树名木的有效方法。

因此，移栽是保护古树名木的重要手段，是常见的保护措施，对保护古树名木具有重要的意义。

（四）大树移栽对保护有价值大树的意义

由于工程建设的影响，需要占用有价值大树的原生地，这些大树虽然既不是保护植物又不是古树名木，但对当地具有非常重要的价值，可为后续城市发展作出贡献，因此也有必要采取移栽措施进行保护。如金沙江白鹤滩水电站淹没区巧家范围内，涉及许多有价值的大树，如黄葛树、杧果树、攀枝花树、凤凰木、柳树、万年青、橡皮榕等大树，对这些大树进行移栽，既可以让当地移民记住乡愁，又可以作为巧家县乡村振兴及村庄绿化的乡土树种，因此进行了抢救性移栽。

第二章 大树抢救性移栽概述

Chapter 2

　　大树移栽通常分为大树正常季节移栽和大树反季节移栽，但这两种移栽方式已不能完全满足社会经济发展的需要，进而提出了抢救性移栽。大树抢救性移栽有可能是正常季节移栽，也可能是反季节移栽。

一、大树正常季节移栽

　　南方大树的生长以年为周期，一般情况分为两个时间段，一个是3月下旬到10月中旬，为生长期，大树处于生长发育期，是大树一年中生长相对活跃的时期；另一个是10月下旬到翌年3月中旬，为休眠期，一般大树处于休眠状态，是一年中大树生长最缓慢甚至生长停滞的时期。生长期大树根、枝、叶及韧皮部积累的所有营养物质都用于生长发育，储存的能量和营养不多，因此大树损伤后不容易恢复。休眠期大树储存了丰富的营养，移栽中大树受到的损伤容易得到快速恢复。

　　因此，休眠期是移栽大树的最佳时间，根据各树种生长休眠的特性不同，大多都在秋冬季及早春时节，时间上大致在10月中旬到翌年3月中旬，该时间段为大树移栽的正常季节，也是最容易成活、移栽成本也相对较低的时期，称为"正常季节移栽"。

二、大树反季节移栽

　　在大树生长期进行移栽称为反季节移栽，时间上大致在3月下旬—10月初，顾名思义，反季节就是违反了大树的生长规律，树体生长活跃，营养存留少，不足以满足大树移栽树体营养、水分流失后的生长需要，因此成活率低，移栽难度大。一般情况，5—8月是移栽难度最大、成活率极低的时段，也是最能反映反季节特点的时期。

　　随着我国建设工程的快速发展，城镇化建设的步伐加快，绿化事业得到迅速发展。尤其是在近年来，国家提出"双碳"目标，把生态安全和环境治理提到了新的高度，在习近平生态文明思想的指导下，生态建设向纵深推进，国土空间绿化、生态修复治理、乡村振兴、美丽乡村建设、宜居城市建设等使园林绿化全年不间断，大树移栽没有了季节概念，反季节移栽也成为一种常态，是一种必需的移栽方式和绿化手段。

三、大树抢救性移栽

（一）抢救性移栽的提出

大树移栽已成为城市化建设中绿化工程效果最快、最普遍的手段，大树移栽的技术已很科学，且非常完善。但随着社会、经济的不断发展，我国基础设施建设的崛起，公路、铁路、水利设施建设工程迅速增多，为保证工程建设，势必会占用部分大树的原生长地，对具有保护价值和景观价值的特殊大树进行移栽，这是保护有特殊价值的大树的重要途径。但为保证建设工期，常规的移栽手段已不能满足工程建设和保护大树相互协调统一的目的。同时，为保护某一特殊树种，在大树原生环境出现危机的情况下，也不能采取常规移栽手段。因此，为达到保护与发展协调共进，保护有特殊价值的大树，提出了大树抢救性移栽。

一般情况下，大树抢救性移栽事件突发、工期短、任务重，可能是在大树休眠期移栽，也可能是反季节移栽。不论是什么季节移栽，与常规移栽均不完全相同，具有时间短、移栽情况复杂多变、移栽难度大、成本高、风险大的特点。

（二）抢救性移栽的必要性

1. 抢救性移栽是生态保护和历史、文化保护的需要

移栽保护珍稀植物可以更好地维持生物的多样性，移栽古树名木可以保存其重要历史、文化价值和纪念意义。很多时候因为工程建设的问题，难免会造成部分国家一、二级珍稀树木、古树名木受到影响，因此，开展大树抢救性移栽是生态保护和历史、文化保护的需要。

2. 抢救性移栽是顺利推进工程建设项目、发展地方经济的需要

保护国家一、二级珍稀树木、古树名木是所有公民和企业的法定义务，是林业和草原部门的法定职责。在工程建设中，由于项目区有国家一、二级珍稀树木、古树名木，不得不调整设计，以至于延误了时间，使项目不能及时推进，开展大树抢救性移栽是顺利推进工程建设项目、发展地方经济的需要。

3. 抢救性移栽是保障群众利益、提高群众收入、促进乡村振兴的需要

在工程建设中，通常都会占用群众经济价值较高或处于盛产期的经济树种，对经济树木进行抢救性移栽，不仅可以减少群众的损失，提高群众收入，也是促进乡村振兴的需要。

（三）抢救性移栽的概念

大树抢救性移栽是在短时间内把移栽对象从原生地抢救迁移至移栽地的活动。抢救性移栽目的是以保护为主，移栽手段不仅是移栽，还包括对树体本身的抢救治疗，移栽对象主要是国家保护树种、古树名木以及其他需要保护的有价值的树木。原生地是指移栽对象移栽前生存的地方，移栽地是要把移栽对象迁移到的目的地。

（四）抢救性移栽中大树标准

抢救性移栽大树包括古树名木、珍稀保护树种和其他有价值的树木，具体有以下3种类型：

（1）论证需要移栽的胸径≥5cm的国家级、省级保护野生大树。

（2）县级以上人民政府挂牌保护的古树名木。

（3）林权所有者或当地政府要求，需要抢救性移植的具有特殊价值和意义的，胸径≥5cm以上的树木。

（五）抢救性移栽的特点

1. 抢救性移栽以保护为主要目的

抢救性移栽的目的是保护移栽对象，一般是按法定要求履行职责或义务以及政府为保护移栽对象而进行的移栽。不同于园林绿化中经营者的自发行为，是以牟取经济利益和以牺牲大树原生地生态环境为代价，以改善局部景观环境为目的。

2. 抢救性移栽的对象确定

抢救性移栽的对象主要是国家保护树种、古树名木以及其他需要保护的有价值的树木。园林绿化的移植对象以普通树种为主，一般不涉及国家保护树种和古树名木。

3. 移栽原因确定

抢救性移栽的原因是移栽对象受到不可避免的人为因素的威胁或周围环境变化的威胁而进行的，主要表现在工程建设中需要移栽保护的古树名木、保护植物以及有价值的大树。如在旧城改扩建、水利、公路等工程建设中，当树木与建设工程发生矛盾而又不得不让位于建设工程时，以移栽代替砍伐，可以使这些树木资源得以

保存，这对挽救和保护移栽对象具有十分重要的意义。有时，由于保护对象的生存环境逐渐变差，土壤肥力、水分等周围环境也不再适宜生长，需要采用抢救性移栽进行保护，常见于古树名木的保护。

4. 施工期限短

抢救性移栽是为保护大树而采取的短期、迅速移栽的行为，大多属于突发事件，移栽时间短。有时候移栽季节适宜，有时候是反季节移栽，但均不能按正常工序移栽，需要即挖即栽。

（六）抢救性移栽与其他移栽的差异性分析

1. 抢救性移栽与反季节移栽

抢救性移栽与反季节移栽不完全相同，反季节移栽大多也是时间要求短，等不到正常季节移栽，但即使抢救性移栽发生在大树生长活跃期移栽，也不完全是反季节移栽，因为抢救性移栽比反季节移栽时间更加紧迫，属于突发的事件，往往临时通知，对移栽时间要求更高，移栽周期更短，工具、人员准备时间不充分，对施工组织的要求相对较高，实施的难度大，风险性也相对较高。

抢救性移栽范围比反季节移栽要大，反季节移栽是抢救性移栽的一种，但时间没有抢救性移栽那么紧迫。同时抢救性移栽也可能是在大树休眠期进行，保水、保湿、保营养的措施比反季节移栽要简单，但对其他方面的技术要求更为细致。另外，抢救性移栽还包括了对不健康树体的救治以及对原生环境的改善。

图2-1是白鹤滩水电站移民安置区2000年6月移栽的黄葛树，既是抢救性移栽，又是反季节移栽。

起挖　　　　　　　　　遮阴网措施　　　　　　　移栽次年

图2-1　黄葛树抢救性移栽（反季节移栽）图

2. 抢救性移栽与正常移栽

抢救性移栽的时间季节可能是正常移栽季节，在大树处于休眠期的时候进行抢救性移栽，移栽时间节点是相同的。但由于抢救性移栽具有移栽时间短、突发的特点，导致移栽施工工序有差别，移栽时间长短也不同。

正常移栽需要根据树种的不同特性，提前一年或更长的时间进行修剪，采取断根缩坨等常规移栽措施。抢救性移栽在短时间内完成，基本措施大同小异，但修剪、起挖、断根等在短时间内同时完成，一般情况当天起挖、当天栽植。因此，如果抢救性移栽时间是在大树休眠期，即正常移栽季节，由于抢救性移栽施工期限短，抢救性移栽与正常移栽最大的差异就在于移栽时间周期不同，所采取的其他措施也有一定的差异。

（七）抢救性移栽大树的成活与否判断

抢救性移栽大树的成活是指大树移栽到移栽地新环境下，实现自我修复、适应新的环境并正常独立生长的现象。大树移栽到新的环境后，与原生环境均有一定的差异，即便是各种立地条件比原生环境更加优越，从理论上比原生环境更加有利于该树种的生存、生长，但移栽都有一个适应的过程。移栽中对枝叶和根系的修剪，加上过程中对树体的损伤，树体营养的流失，大树自身恢复正常生长发育较慢。通过人为措施使大树逐渐适应新的环境，由人工促进逐渐达到自身修复、独立生长并适应新环境是大树移栽成活的必要手段。

抢救性移栽大树成活与否的判断方法和标准与其他移栽方法一样，均是从地上、地下两部分进行判断。

1. 观察地上部分

首先看发芽和展叶情况，不论是上一年秋季移栽的还是当年春季移栽的大树，生长季节主要在春季、夏季，看发芽是否饱满，展叶的大小和叶片质地是否正常，叶片颜色是否深绿色。如果是发芽饱满、叶片厚嫩、颜色深绿，就说明生长正常，基本是成活的表象。其次在生长季节观察树皮是否厚嫩，如果树皮含有水分饱满、厚嫩、树皮颜色正常，就说明移栽的树木基本成活。

2. 观察地下部分

生长季节在树的主干根部轻挖一个空穴，观察根系生长情况，如果发现根系的毛根、细根先端出现白色新根（出白），可以完全证明移栽的树木已经成活了，如果没有新根出现，要再观察一段时间，如果一直未生长白色新根，说明移栽树木基本不能成活。这时不管地上部分有无发芽、展叶，树皮干嫩与否，均可以判断移栽树木大多是不会成活的。验证移栽树木成活与否，地下部分观察最重要，再结合地上部分观察，基本可以验证移栽树木是否成活。移栽成活情况见图2-2所示。

地上部分发芽饱满　　　　　地下部分白根生长旺　　　　　　移栽次年

图2-2　移栽成活示意图

（八）影响抢救性移栽大树成活的因素

1. 抢救性移栽大树自身因素

（1）大树的起源。如果所移栽的大树是人工栽植的大树，则移栽成活率较高，特别是苗圃地栽植的大树，移栽简单，成活率可达到100%。天然野生大树移栽技术难度及要求相当高，移栽成活率普遍偏低。影响天然野生大树抢救性移栽成活率低的主要因素有：一是土球不规范。野生天然大树生长环境各异，对采挖时的土球要求难度较高，同一区域难有土质结构和立地条件完全相同的两棵树，因此保留的土球不规范，甚至达不到移栽的要求，有的地方沙质土根本带不起土球，起挖后完全是裸根，有的要带土球就得加大土球的体积和重量，难以吊装与搬运。另外，野生天然大树生长在陡坎或坡度较大的地方，施工难度较大，难以按标准保留土球。如果野生大树纯粹生长在岩石上，无法起挖，就达不到移栽的条件。二是树体损伤大。天然野生大树长期生长于野外，没有经过人为修剪，树体长势不同，树体不规则，虽然形成了不同的天然景观，但移栽中吊带等附着物很难在树体某一部分受力。同时，生长地地形复杂，施工难度大。因此，天然野生大树移栽中容易损伤树体，也是成活率不高的原因。

（2）大树的属性。根据大树的属性（用途和价值）不同，大树的形态特征各不相同，移栽成活的概率也大不相同。如果是一般大树移栽或保护植物、名木、有特殊价值树种移栽，树龄普遍不高，树体也不大，移栽成活率较高。如果是古树年龄都在100年以上，有的古树几百年甚至更久远，移栽成活率较低。不论是古树还是其他大树，如果树龄高、树体庞大的，不仅移栽难度大，移栽成活率也不高。主要因素有：一是树龄高。大树树龄较高，细胞再生能力差，树体活力低，保持营养的能力下降。二是树体高，表面积大：①树体高大，表面积大，对水、养分的散失较快，移栽中修枝截杆等容易散失水分、养分。②树体高大，如白鹤滩库区移栽红椿、攀枝花等，在截杆过程中由于运输条件等因素，保留部分较少，大多只有主干，不能保留侧枝，不能进行光合作用，吸收养分较差。③树体高，树干粗大，难以运输，在采挖、运输、栽植过程中均容易损伤树体，造成伤口感染，也容易造成营养、水分流失。

（3）树体本身的生长状况。每株移栽的大树生长状况不同，生长旺盛、树体健康的大树移栽容易成活。生长不良，树体不健康，树身出现病状或者由于外部因素等导致大树濒于死亡，移栽难度大，即便是采取优越的抢救性移栽措施，移栽成活的概率都不大。如白鹤滩水电站影响区古树移栽中，有株古树根部被火烧了一半，另一半根系也不发达，移栽时采取了对应的救治措施，移栽后当年发芽，但第二年就死亡了。大树健康程度对比见图2-3所示。

生长健康　　　　　　　　　　生长不良　　　　　　　　　　生长不健康

图2-3　大树健康程度对比图

2. 外部因素

（1）移栽季节。大树处于休眠期，大树抢救性移栽成活率高；大树处于生长期进行反季节抢救性移栽，大树抢救性移栽成活率低。

（2）移栽地生境。大树抢救性移栽一般选择近地移栽，移栽地点生境与原生地大致相同。海拔、光、水、热、土壤结构、坡向、风向及风力等都是影响大树生存的主要因素，各生境因子与大树原生地相同或接近，移栽成活率高。影响大树的生境因子不同或差异较大，特别是海拔，低海拔地区的大树到高海拔地区，超出了大树适生的海拔范围，存活率低或难以存活。当然，随着海拔的不同，其他生境因子也随之变化，也会影响大树移栽的存活率。同时，大树生存生境还包括大树周边小气候和微生物环境，因此，大树移栽提倡近地移栽，确保大树移栽后生境不会受到大的变化。

（3）施工技术措施。移栽施工过程中采取的技术措施也是确保大树移栽存活的关键，采取的技术措施适当与否，关系到对大树的损伤程度。如果施工过程中技术措施不当，对树体损伤较大，移栽存活率较低；如果施工中采取妥当适合的技术措施，对树体损伤小，对断枝断根或不可避免造成的伤口处理及时，移栽存活率较高。同时，施工中从起挖到栽植的时间、截枝强度、回填土、浇定根水、促进生根等关键技术措施都是影响大树移栽存活的关键性因素，施工中要按照移栽方案作业，精细施工，才能确保大树移栽成活。移栽施工中难免出现技术措施操作不规范的情况，如修剪不标准、伤口处理不到位甚至不包扎土球等，极大地影响了抢救性移栽的成活率。

（4）人为因素

人为因素主要是栽植后的养（管）护，除常规的定支撑、浇水、施肥、除草、防病虫害等养护管理外，防止人为破坏也是大树存活的关键。人为破坏包括人为活动和牲畜破坏，特别是人为蓄意破坏，任何的人为破坏均会造成移栽大树根部松动，影响根部新根萌发，甚至将大树推倒，造成大树移栽不成功。同时，萌发的新芽，被牲畜啃食，使大树不能进行正常的生理活动，也会影响大树的成活及生长发育。

（九）抢救性移栽对象适宜性的判断标准

根据以上分析，适宜采取抢救性移栽措施的条件（标准）为：

1. 移植对象的生态学特性

根据移栽对象的生态学特性确定是否可以实施移栽，如果移植对象的生态学特性等表明在现有技术条件下不可能移植成活的不进行移栽。在目前的技术水平下，绝大部分的保护植物和古树名木都是可以移栽的，生长在高海拔地区的树种如云杉、冷杉、铁杉等大树，适生环境寒冷，土壤条件较差，移栽难度较大，不适宜进行抢救性移栽。相对来说，低海拔地区的适生树种抢救性移栽的成活率较高。

2. 移栽对象的健康状况

一般来说，移栽对象健康状况良好、树势旺盛，适宜采取抢救性移栽。如果树体不健康则不建议实施抢救性移栽，特别是有些生长差的古树名木，由于树龄较大，可能动辄就会断根断杆，则多采取就地保护。

3. 移栽对象的大小

有的移栽对象树体庞大，特别是年代久远的古树名木，不能满足现有的采挖、运输条件，也不建议进行抢救性移栽，应采取就地保护。

4. 移栽对象原生地环境条件

移栽对象原生地的环境条件决定是否可以采取抢救性移栽，首先，原生地环境如果地形复杂，坡度大于36°，则不宜采取抢救性移栽；移栽对象生长在岩石中、附着大型建筑物或与其他物体缠绕，不具备采挖条件的也不建议进行抢救性移栽。其次是土壤条件，如果土层较薄，土壤质地较差，不能够满足土球要求，不建议抢救性移栽。最后，如果海拔较高、气候寒冷的地区的大树也不建议抢救性移栽。

5. 移栽对象原生地运输条件

原生地交通条件差，距离现有公路较远，即便有村道通过但不满足运输条件，特别是新建公路对生态环境影响较大时不建议进行抢救性移栽。只有原生地条件满足移栽的采挖、吊装和运输条件，即使需要新修部分公路但不会引起大的生态环境破坏时，才进行抢救性移栽。

第三章　大树抢救性移栽准备

Chapter 3

　　大树移栽是一项系统性工程，不仅与起挖、吊运、栽植、养护等技术环节有关，而且与树种、树型、生活习性、生存环境等密切相关，这就要求在大树移栽前必须做好充分的论证工作。从技术上讲，要充分考虑气候特点、立地条件等环境因素是否适合；从效果上看，要注意树形、树貌与周围环境是否协调。同时大树种植又是一项技术复杂、操作性很强的工作，为顺利进行，还应做好各项准备工作。

■ 一、移栽对象调查

（一）移栽大树调查

　　大树抢救性移栽前必须对移栽大树进行调查，确定移栽大树分布范围和数量，对每株大树采用GPS定点，现地核实调查移栽大树的位置、树种、年龄、胸径、树高、冠幅、小生境、生长状况、生长势、坡向、坡度、坡位、海拔、土壤名称、土层厚度、土壤质地、土壤含水量、石砾含量、pH等因子以及大树周围植被、下层植被状况，并进行实地拍照。

　　调查移栽大树原生地的社会环境状况，离村寨距离，人为活动情况，当地村民的经济状况等。同时，调查标注当地交通情况，为选择运输线路作准备。

　　调查移栽大树的权属，了解移栽大树审批情况及补偿情况，掌握移栽过程中是否会产生纠纷等。

　　综合上述调查情况，编制移栽大树现状调查因子一览表，计算移栽大树蓄积量，估算土球大小及重量等，为编制大树抢救性移栽实施方案提供详实的基础数据。

（二）原生地生境调查

　　原生地是指移栽对象移栽前生存的地方。

1. 原生地生境调查

为了更好地了解移栽对象的生存条件，作为选择移植目的地的依据，需要对大树生长环境进行详细调查，调查内容包括气候、极端气温、风速、降雨量、土壤、pH、海拔高度、人为干扰强度等。

2. 原生地土壤调查

原生地土壤调查的目的，一方面是为了掌握原生地的土壤情况，为选择移栽地提供依据，另一方面是为判断能否满足带土球的标准。

大树原生地土壤调查内容：一是要查看土壤的结构状况；二是要查看土壤含水量。带土球移栽要求土壤含水量适中，土壤结实，这样易形成完整土球，不易散坨；若水分过多，土壤湿软，则会造成土球在搬运过程中受压变形，甚至散坨而影响成活，水分过少，土壤干燥，土球容易松散；如土壤石砾含量多，土粒粘结松散，则要制订相应的土球固定方案。因此，对原生地土壤进行调查，查看土壤含水量，为采挖时是否能保留土球完整性提供依据。

理论上说，各类型的土壤均能采取带土球移栽，从土壤质地来说，壤土和黏土容易带土球，沙质土不易带土球。总体来说，带土球要求含石量少，含水量适中，土壤厚度中厚层，如果土层较薄、含石量较高，则需要采取特殊措施保留根系仅有的土壤，如果土壤为沙质土且较为干燥，采挖前需要浇灌水保护根系土壤水分，并精细包装才能带土球。

3. 树体标记

对抢救性移栽的大树，特别是古树名木、树体较大的珍贵树种，每株进行编号标记，作好测树因子记录，在树体上标明原生地东、南、西、北四个方向，以便栽植时根据土球大小以及方位进行栽植。

■ 二、移栽地的选择

移栽地是把移栽对象迁移到的目的地，大树移栽后重新生长的地方。

（一）移栽地选择

1. 移栽地选择原则

由于大树在原生环境已生长多年，此时突然将其移栽到另一个环境，大树容易因环境的巨大差异而直接死亡或加速死亡。因此移栽地的选择极为重要，一般应遵循以下几点：①近地移栽，不大范围跨越气候带移栽大树，如热带不向温带甚至更冷的区域移栽；②选择有移栽树种自然分布的地区；③选择与树木原生地生境大致相同或相近的区域进行移栽。根据上述原则，既要保证大树移栽成活率，有效保护大树，又要使移栽地距离较近，且符合当地相关规划的要求，根据近地移栽选择地块。

2. 移栽地的选择

移栽地是大树移栽后重新生长的地方，也是大树重新生存的综合环境区域，除遵循选择原则外，还要注重环境适宜性。移栽地环境适宜性根据原生地环境以及移栽对象的生态习性判断是否适宜，主要有气候类型、海拔、最低（高）温度、湿度、降雨量、土壤类型、土壤质地、土壤厚度、是否有移栽对象原生分布、交通状况、运输距离、经济条件、土地权属等，其中气候条件因子、海拔是最主要的决定因素。首先，所选择的移栽地必须是在移栽对象适生的条件下才能作为移栽地，所有气候因子与原生地相同，运输距离在10km以内是最佳的移栽地；其次，与原生地在同一个气候区域，海拔相差500m左右，最低（最高）温度相差小于3℃以内，湿度相差10%左右，降雨量相差小于100mm左右等较为合适。土壤条件也是选择移栽地的重要因素，如果土层浅薄，厚度小于60cm，土壤肥力较差，移栽时改良土壤难度较大等，则不宜作为大树移栽的目的地。交通状况、运输距离、经济条件也作为移栽地选择的辅助条件，如果交通状况不好、运输距离较长、当地经济状况差也不是最佳的移栽地，因移栽时修建运输道路不仅成本较高，而且会对周边环境产生一定的破坏。一般选择有公路直达、与原生地距离在50km以内的地段作为抢救性移栽的移栽地。如果与原生地距离大于50km，最好进行假植后再正常移栽。

大树移栽前，需要对移栽地进行详细的调查，了解移栽地的环境特性，确定是否适合移栽大树生存。同时，根据移栽地的立地条件，拟定合理的栽植技术措施，保证大树栽植成活并健壮生长。移栽地调查内容包括移栽地的地形、土壤条件、周围环境（邻近建筑物的距离和高度、定植点所受阳光照射的多少、气温和地温、风向和风力等）、有无移栽树种分布以及人为干扰情况等，编制移栽地环境因子调查表。移栽地调查土壤条件也是关键性因子调查，土壤条件差，栽植穴中的土壤应进行改良，采用肥沃、排水性良好的种植土，有利于大树成活。经过改良都达不到标准的土壤，应全部换土进行栽植，使大树适应栽植期的生长，提高栽植成活率。

（二）移栽时间

正常季节移栽大树可以选择适宜的栽植时间，一般都是选择大树休眠期进行移栽。但大树抢救性移栽往往是突发事件，有可能是正常季节移栽，也有可能是反季节移栽，移栽时间具有不确定性。因此，大树抢救性移栽时间不确定，需要根据工程任务来定。要求大树起挖与栽植时间间隔不能太长，及时起挖、及时运输、及时栽植，尽量做到即挖即栽。

三、实施方案的编制

根据移栽对象现状调查，以及移栽地的生境状况，从修剪、采挖到养护管理，有针对性地设计移栽技术措施，注意保护树体，编制完成符合实际、可操作性强的移栽实施方案。方案的主要内容包括移栽的必要性和可行性分析、移栽大树原生生境调查及移栽地选择、移栽技术措施设计、移栽后的管护、安全文明施工等内容。

四、施工人员组织准备

（一）施工人员组织结构

根据大树抢救性移栽特点、规模大小，施工组建相应的专业施工队伍，一般包括管理层和作业层，即总经理、项目经理、技术负责人、施工作业组，各类人员能够满足施工作业要求，定岗定员，定职定责，组织结构可参照图3-1进行。

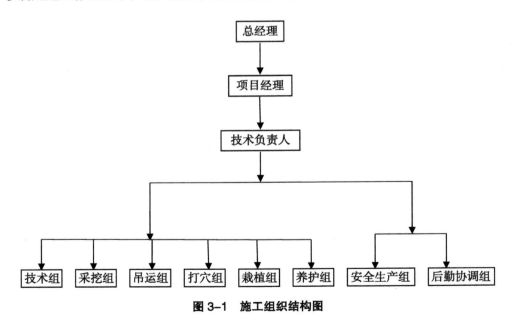

图3-1　施工组织结构图

（二）组织机构职责

1. 管理层

（1）总经理。全面负责大树抢救性移栽及后期养护管理，以及与各相关部门的沟通协调。

（2）项目经理。负责工程实施与管理，主要职责为：协调与业主、监理及其他设备供应厂家的关系，协调与各相关单位的关系；组织相关人员编制施工组织设计；负责现场施工安全；组织与管理队伍；布置施工进度计划、材料供应计划；布置施工机械、设备计划；管理工程变更、洽商和向有关方面提交工程报告等，协助总经理的其他工作。

（3）技术负责人。负责项目的技术工作。施工组织的编制，对实施方案进行设计交底并提出自己的意见；向现场各施工班组进行技术交底；对施工中出现的技术问题提出处理措施；负责施工中的技术记录、技术档案编写与整理工作；代理项目经理编写并向监理与主管单位递交各种技术报验资料；编制竣工结算资料；协助项目经理做好成本管理与竣工验收工作；协助项目经理处理现场安全事故。

2. 作业层

（1）技术组。负责制订抢救性移栽技术方案，施工中进行现场指导，对施工过程中各技术环节负全责。

（2）采挖组。根据大树的原生环境情况，制订采挖计划，负责大树的采挖，采挖过程中应尽量减少对树体的伤害，并做到安全零事故。

（3）吊运组。负责大树的起吊和运输，吊运过程中应尽量减少对树体的损伤，并做到安全零事故。

（4）打穴组。根据实施方案按要求进行打穴，施工机械不能操作的地块采用人员打穴，施工中做到安全零事故。

（5）栽植组。根据实施方案按要求进行栽植，确保技术措施到位，不二次损伤树体，施工中做到安全零事故。

（6）养护组。负责栽植后期养护管护，定期浇水，防治病虫害，防止人为破坏。

（7）安全生产组。直接受项目经理领导，负责施工各环节的安全文明施工，排查各环节的安全隐患，预防安全事故的发生，若发生安全事故及时上报并及时处理。

（8）后勤协调组。直接受项目经理管理，负责施工中各方的协调，负责保障施工队伍的日常生活；负责对大树所有者及当地村民进行宣传、协调，取得当地村民的理解和支持；负责与各个部门的沟通和协调，保障大树运输畅通等。

根据大树抢救性移栽的特点和工期要求，结合施工队伍的劳动定额情况，所有技术人员均要求是具有大树移栽经验的专业人员。

■ 五、施工物资准备

（一）临时生活区

抢救性移栽施工人员的生活区及生活物资的准备，是施工前不可缺少的环节，如果移栽规模大，施工人员多，此事尤其重要。由于工期短，抢救性移栽施工人员的生活用房一般是采取租赁的方式，租房地点与施工区域越近越好，最好选择在大树原生地与移栽地中间地段，方便施工，节约成本。同时，还需租赁临时停车场，用于施工机械、车辆的临时停放。

（二）施工物资准备

施工物资包括施工机械和移栽用物品，施工机械一般包括不同吨位吊车、拖车、不同型号挖机、浇水车、皮卡车等大中型机械；移栽用物品一般包括树冠修剪人工操作框、无人机、电锯、手锯、枝剪、封闭枝杆大创面或油脂类树种创面用玻璃枪及玻璃胶、伤口愈合剂、涂抹玻璃胶及愈合剂的竹片、锄头、铁铲、泥球砍斧、泥球胶带、草绳、夹板、5～15cm钉子、树动力液体（促进树体生长修复的液体）、输液电钻（钻头跟树动力尖端大小一致或稍大一点）、抑蒸剂、防止输液器受日晒产生高温的隔热布、车用紧线器及绷带、喷雾器、生根剂、土壤消毒剂、浇水管、保湿喷头、堆栽种植土（要求疏松的）、保湿保温布、支撑木棒及小木方、浇水塑料管或竹筒等。所有施工物资在施工前必须全部准备完备。

（三）运输线路准备

运输线路是抢救移栽施工中的重要环节，线路选择得当，缩短了运输时间，节约了成本，同时保证了移栽成活率，也减少了运输中安全事故的发生。因此，需根据移栽对象进行交通条件的调查。同时，施工前，项目经理应与建设单位、交通、市政、公用、电信等有关部门沟通协调，办理运输过程中的必要手续，保障运输通畅。

■ 六、技术培训

（一）技术方案的制订

项目技术负责人根据大树抢救性移栽的实际情况，制订操作性强、符合实际的技术方案，技术方案必须全面，从项目的准备工作到后期养护，包含所有抢救性移栽技术的方方面面，施工队员按照技术方案施工。

（二）技术培训

所有参加项目的人员，全员参加技术培训，由项目经理组织，技术负责人负责讲解每一个环节要求，所有人都必须全面掌握大树抢救性移栽的技术要求，经考核合格后，方可参加项目施工。

■ 七、施工管理

施工管理对项目实施至关重要，管理出成效，管理出安全，没有管理，项目施工混乱，可能直接导致项目失败。

（一）管理制度

施工前准备工作阶段，对施工中各个环节制定详细管理制度，包括人员组织管理、安全管理、技术管理和进度管理等。施工管理制度张贴于项目部会议室内，每个施工人员均要熟悉施工管理制度，按管理制度对施工过程进行管控，如施工中有特殊情况出现而管理制度中没有规定的，及时提出，由项目部进行商讨后定夺。

1. 人员管理制度

根据人员组织结构进行分层管理，层层负责，签订责任承诺书，责任到人。按人员组织结构及机构部门职能，分层进行管理，每一层都根据自己的部门职能恪尽职守。同时，施工班组协调推进、和谐施工、相互督促，上、下级沟通顺畅，施工中发生的任何情况，随时汇报、沟通，不分级别，任何施工人员之间均可以相互沟通项目施工中的任何问题。

2. 安全管理制度

安全管理制度是安全生产的基础，只有制定严谨的安全管理制度，施工中严格按管理制度实行，才能预防安全事故的发生。安全管理制度一般包括项目经理安全管理制度、安全负责人管理制度、车辆安全管理制度、施工人员安全管理制度、驾驶员管理制度和物资安全管理制度。具体制度的制定和实施详见《安全文明施工》章节。

3. 技术和进度管理制度

（1）技术管理制度

①除组织专门的技术培训外，施工前编制简要施工操作手册，每个施工人员人手一册，施工中遇到技术问题时随时进行学习。

②技术负责人负责对施工人员进行指导，确保操作正确。

③施工中随时对各施工班组进行检查，发现技术不规范的及时纠正，按要求施工。

④把技术要求牢记在心上，并不论时间和地点，不管任何场地，均要求施工人员技术操作标准、规范。

⑤各施工班组要求组长每天做好施工日志，第二天早上交给技术负责人，定期汇总后汇报给监理单位。

（2）进度管理制度。大树抢救性移栽，时间紧、任务重，进度管理尤为重要，必须根据工作量排班，制订科学合理的进度计划，才能按时保质、保量地进行抢救。根据时间要求，结合移栽对象的分布地点，排出每天移栽工作量和施工顺序，真正做到有序施工。如果施工中有当天完成不了的既定工作量，当天晚上进行总结，查找原因，改善工作方法，将当天没完成的工作量合理分摊到余下的施工时间里，或第二天加长工作时间里，增量完成之前余留任务。进度要有计划，如果施工进度与计划进度差别较大，进行总结调整，确保抢救性移栽工作顺利完成。进度计划表见图3-2所示。

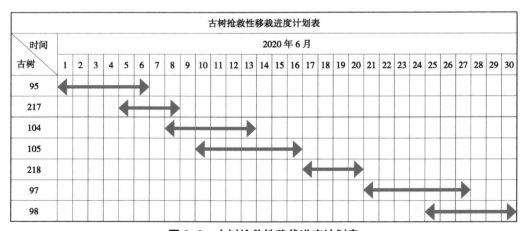

图 3-2　古树抢救性移栽进度计划表

4. 汇报制度

（1）内部汇报制度。施工中各班组下工后汇报当天施工情况，项目经理汇总需要解决的问题，及时制订解决问题的方案。同时，各班组之间相互沟通，各个施工工序衔接恰当，施工环节不脱节，确保当天采挖当天栽植。

（2）外部汇报制度。项目部每天向领导小组、主管单位、监理单位汇报施工进度以及施工情况，对施工中遇到的问题，及时寻求解决办法。

每周向主管单位进行施工进度汇报，进度报告以书面形式向主管单位和监理单位报告施工进展情况。同时，项目部可以通过施工简报的形式，定期公开施工情况。

（二）施工管理

抢救性移栽中设立专门的施工管理员，也可以由项目经理兼任，从项目经理、施工管理员、班组长到施工员，层层管理，时时监管，使各种规章制度落到实处。施工中主要从以下几方面进行管理。

1. 提高认识

项目实施前，组织所有施工人员进行宣传培训，讲解大树移栽的重要性和必要性，使每个施工人员充分发挥主人公责任感，充分体现自我意识，主动负责，群策群力。

2. 层层监管

从项目经理、施工管理员、班组长到施工员，层层监管，层层签订责任状，实行奖惩机制。

3. 时时监管

施工过程中，项目经理亲自到施工现场负责监管。同时，各施工班组组长对该组的施工时时把控，发现有操作不规范的立即停止并及时整改，确保施工既安全又符合技术规范，保证大树移栽成活。

4. 每天两会

施工人员每天早上出发前统一集合，分配、讲解当天工作任务、技术环节、注意事项，对安全作要求，并检查每个施工人员安全帽等安全措施是否准备到位。

每天晚上班组长以上集中开会，汇报当天工作，交流施工中出现的情况，总结经验，准备第二天的工作。

第四章 大树抢救性移栽技术

Chapter 4

■ 一、采挖前期大树处理技术

（一）修剪

由于移栽大树树体通常高大，且生长快、萌芽力较强，如果不进行修剪，水分蒸腾挥发快，容易枯死，特别是反季节移栽时，枝繁叶茂，水分挥发特别快。同时，有些大树非常高大，不进行修剪，无法运输，且运输途中安全也不好把控，因此对大树进行修剪，缩小冠幅，加大根冠比，减少叶片蒸腾，避免树体水分过度消耗是移栽采挖前期必要的技术手段。

大树修剪分为整冠式、截枝式和截干式3种。整冠式修剪适用于萌芽力弱的树种，修剪时应保留大树原有枝干，只将徒长枝、交叉枝、枯枝及过密枝剪去，一般适用于树体比较矮小的大树。截枝式修剪适用于生长较快、萌芽力较强的树种，修剪时保留树冠的一级或二级分枝，将其一定粗度以上的部分全部剪除。截干式修剪适用于分枝较高、生长快、萌芽力强、树冠恢复快的树种，修剪时保留一定的主干高度，将其上部整个树冠截除。

大树抢救性移栽修剪主要采用截干式和截枝式修剪，也可根据实际情况，采用截枝和截干相结合的方式，既保证树体的整体效果，又便于运输。大树主枝的修剪应根据树枝生长的分枝方式确定，总状分枝（单轴分枝）的大树，不得修剪主枝。合轴分枝、假二叉分枝的大树可根据移栽需要对主枝进行截干修剪。修剪时剪口必须平滑，截面尽量缩小。修剪2cm以上的枝条，剪口需消毒、涂抹防腐剂或伤口愈合剂。

大树修剪不是孤立的，必须根据移栽环境、工程的整体要求，选择合适的修剪方式和修剪强度，防止修剪过多或修剪不足，给运输、保水和塑形带来不可逆的损失。抢救性移栽一般二次修剪强度非常低，大树运输到移栽地后大都只进行多余枝的修剪、断根的修复及伤口处理。因此，修剪时一定要全面考虑，不仅考虑修剪对移栽技术的影响，还要考虑修剪对大树景观的影响，根据大树不同角度的景观效应，从景观价值角度进行修剪，使大树移栽后最快达到良好的景观效果。

修剪时应对大树进行全方位调查、摄像，从不同角度选择修剪方式和强度，制定修剪方案，画修剪示意图，确定最佳修剪方案后进行修剪。图4-1为实际移栽中修剪示意图，图4-2为截枝式修剪，图4-3为截干式修剪。

图 4-1　修剪示意图　　　　图 4-2　截枝式修剪　　　　图 4-3　截干式修剪

（二）喷洒蒸腾抑制剂

为减少水分蒸腾，提高移栽成活率，需要在采挖前喷洒蒸腾抑制剂，抑制树木水分的过度蒸腾，可将蒸腾抑制剂浓缩液稀释20~30倍后喷洒叶面。高大树体可采用无人机进行喷洒。

（三）树干保护

树干保护主要是防止在起挖、装吊以及运输过程中损伤树干，同时防止树干水分散失，采用保护材料包裹树干。对于直立型大树的包裹可从根部至分枝点进行包裹或离地一定高度包裹，具体包裹高度根据树干高度以及机械推树碰接点、起吊着力点等确定；对于丛生型大树的包裹可从根部至各主枝第一轮分枝点或离地一定高度包裹。

保护材料一般采用透气性好的软质材料，抢救性移栽中常用草绳或橡胶、保湿布等软质材料，顺着树干与地面平齐基部缠绕至树干分枝点或确定的高度，若枝杆有起吊着力点，则枝杆起吊着力点需同样缠绕包裹。缠绕包裹后，在树干四周以及起吊着力点钉上小木板或捆绑上橡胶垫，不但可以加固草绳，更重要的是可防止在起挖或起吊过程中损伤树体。

■ 二、移栽地土壤改良技术

土壤改良的任务是通过各种措施来提高土壤肥力，改善土壤结构和理化性质，不断提供大树所需要的养分和水分，为其生长创造良好的环境条件。移栽地选择确定后，对移栽地进行深入调查，掌握土壤有机质含量及水分、肥力情况，判断是否需要对土壤进行改良。抢救性移栽中土壤改良不建议采用全垦整地改良，一是从保护生态环境出发，不建议大规模整地；二是从工期、成本出发。因此，土壤改良针对栽植穴进行，根据栽植穴的自然土壤情况采用换土、改土、增施有机肥等手段来完成，以保证大树能正常存活。

如果开挖栽植穴后，土壤肥力较高，结构较好则不需要换土。在开挖栽植穴时对土壤进行了深翻，改善土壤结构和理化性状，促使土壤团粒结构的形成，增加土壤孔隙度，降低土壤密度。因而土壤固、液、气三相的平衡明显改善，保水和排水能力增强，土壤透气性增加，有利于根系的纵向伸展，满足树木生长对土、肥、水的需要，不需要换土。

如果栽植穴开挖后土壤条件较差，甚至石质含量高或没有熟土，就需要进行换土，换土要用肥力较高的熟化种植土与种植时回填土同时进行准备。大树移栽时需要将全部或部分原有土壤进行更换时，要选择通气透水条件好，保水保肥性能好，水、肥、气、热状况协调良好的土壤。换土用泥沙拌壤土（3∶1为佳）作为移栽后的定植用土比较好，一是与树根有亲和力，在栽培大树时，如果根部与土壤有无法压实的地方，经雨水的侵蚀，壤土能自动落下与树根贴实；二是通透性能好，增高地温，促进根系的萌发；三是排水性能好，雨季能迅速排掉多余的积水，免遭水涝，不会引起根部死亡，旱季浇水能迅速吸收扩散。在树木移栽半月前对土壤进行杀菌除虫处理，达到防病除虫的目的。用50%托布津或50%多菌灵粉剂拌土杀菌，用50%百威颗粒剂拌土杀虫（以上药剂拌土的比例为1∶1000）。

■ 三、移栽地整地技术

（一）栽植点位布局

根据移栽对象生态学特性，设计合适的株行距，现场按设计放线定点。放线定点布局根据移栽的树种不同、树体大小不同进行科学合理的搭配，如果是移栽多树种到同一目的地，则根据不同树种成形的形状和色彩进行搭配，增强成活复壮后的景观效果。同时，树体高大、树龄较老的大树则布置在离公路近的地段，既便于栽植又能最快达到景观效果。总之移栽地选定后，根据移栽大树的不同特性，从景观、易于成活、方便栽植和管护等角度进行设计放线。如果移栽地地形不规整或处于复合型坡面，则根据实际地形情况，结合移栽对象特性放线定点，点间距要求能满足移栽对象复壮后的生长成型。放线定点后，测好标高，然后开挖栽植穴。

（二）栽植穴规格

大树移栽栽植穴的形状通常要求与所移栽大树的土球的形状相适应，抢救性移栽栽植穴的形状一般为圆筒状。确定栽植穴的规格，必须同时考虑不同树种的根系分布形态和土球的大小。

1. 根据土球的规格而定

大树移栽的栽植穴的规格通常需与土球的规格相适应，一般其直径应当比大树土球的直径大40~60cm，栽植穴的深度应比土球的高度高20~40cm。

2. 与树种的根系分布形态有关

不同树种的根系分布形态通常分为两种：水平根系发达的浅根性树种和垂直根系发达的深根性树种。浅根性树种，其根系主要向四周横向分布，根系垂直分布较浅，临近地面。对于浅根性树种，水平方向土壤要疏松，可以有效减少根系生长所受的阻力，便于树木栽植后根的恢复，有利于植株树势的恢复和生长，因此在挖掘栽植穴时要求适当加大直径。深根性树种，通常主根较发达，或侧根向地下深度发展，深根性树种要适当加大栽植穴的深度，有利于植株根系的发展和养分的吸收。

根据树种特性，如果是浅根性树种，一般栽植穴直径在前述土球确定宽度的基础上加宽40cm左右，栽植穴的深度根据土球确定；如果是深根性树种，一般栽植穴直径根据土球确定，栽植穴的深度在前述土球确定深度的基础上加深30cm左右。

3. 充分考虑定植点的土壤条件

挖掘栽植穴的同时可以起到疏松和改良土壤的作用，因此确定栽植穴的规格时应充分考虑到定植点的土壤条件。土壤肥沃、疏松，土层深厚，排水良好的地点，按土球规格的大小适当扩穴即可；土壤条件差、排水不良地区，如紧实板结、石砾含量高的栽植地，栽植穴挖掘时应当加大穴的规格，以期达到充分改土的目的。

（三）栽植穴挖掘技术

栽植穴挖掘时应当严格遵守一定的操作规范，以保证所掘栽植穴在栽植时能方便施工作业，并有利于树木后期生长。主要的技术规范包括以下三点：

1. 掌握好挖掘定点和坑形

栽植穴挖掘的位置要求准确，要严格按照定点放线的标记进行。挖掘时应以所定位置为中心，按规定栽植穴直径在地面画一圆圈，从周边向下挖掘，按深度垂直刨挖到底，不能挖成上大下小的锅底形，以免造成窝根或填土不实，影响栽植成活率。在高地、土埂上挖掘栽植穴，应平整栽植点地面后适当深挖；在斜坡、山地上挖掘，要外堆土、里削土，穴面要平整；在低洼地坡底挖掘栽植穴，要适当填土浅挖。栽植穴挖掘完成后要把定点木橛插在穴边或穴底。如图4-4所示。

1. 正确（种植穴上下一致，可以保持根系舒展）；
2. 不正确（种植穴呈锅底状，容易导致窝根）

图4-4　种植穴示意图

2. 土壤堆放

挖掘栽植穴时，对质地良好的土壤，应将上部表层土壤和下部底层土壤分开堆放，表层土壤在栽植最后回填在根部上表层。如土质为不均匀的混合土壤时，应将土壤和石渣土分开堆放。同时，土壤的堆放要有利于栽植操作，便于换土、运土和施工人员行走。

3. 回填土

栽植穴挖掘到规定深度时，应在穴底部回填部分松土。回填土可以根据换土需要进行，可将腐熟过筛的堆肥与部分回填土拌合均匀，施入穴底铺平。堆肥拌入后，应在肥土上覆盖6～10cm厚的沙壤土，以免定植时树根直接接触肥料而导致"烧根"。

■ 四、大树采挖技术

为保证大树移栽成功，抢救性移栽采用带土球移栽法。带土球移栽根系带有宿土，且根系不裸露或基本上不裸露，这样根系相对能保湿保肥，栽植后容易成活。

带土球移栽虽然整体重量大，包装、搬运和挖掘比较费工、费力，但带原土的土球移栽更能保证移栽的成活率。当大树根部土壤十分干燥时，应在采挖前2～3天灌透水，确保采挖时能带土球。抢救性移栽采挖时间要短，一般从采挖到包装、吊装、运输不超过24小时。同时要安全文明施工，注重每一个技术环节。

（一）土球大小的确定

抢救性移栽大树土球直径一般为大树胸径（1.3m处）的4倍以上，土球的高度视树种而定，一般为土球直径的2/3左右，不超过土球直径为宜。亦可采用公式确定土球直径：

$$D=J+k（d-3）$$

式中：D——土球直径；

　　　J——常数24；

　　　d——地面处树干直径（地径）；

　　　k——常数，移栽的大树为常绿树种时，$k=4$；落叶树种时，$k=5$。

在挖掘时，土球具体大小还需要根据树种特性、大小、树木年龄、土壤条件、经济条件等具体考虑。一般来说，土球直径为树木胸径的4～6倍，土球的高度视树种而定，一般不超过土球的直径。从理论上来讲，土球越大越利于成活，但现实移栽过程中，过大的土球不利于运输，因此应该根据当地道路、运输条件、吊装设备等具体情况，最大限度地采用可行的小规格土球。实践发现，土球的大小也可以根据修剪方式而定。树冠修剪采用整冠式、截枝式和截干式，土球的大小依次呈递减的趋势，因为按树势平衡原理，树冠越大，需要的水分、营养越多，因此土球越大越好。而截干式修剪没有树冠，土球保留的水分、营养满足树体的基本生存即可，土球大小更多考虑的是运输条件等因素。

（二）大树采挖

带土球采挖大树，应根据包装形式确定采挖方法。一般包装形式有绳索圆形包装和木板箱方形包装，圆形包装可将大树平倒运输，木板箱方形包装一般采用直立运输。抢救性移栽一般采用绳索圆形包装，平倒运输，且边采挖、边包装、边修剪根系，"三边"同时进行，相互协调。

采用绳索圆形包装一般采用草绳捆包，也可以采用橡皮筋进行捆包，边挖边包扎，保证土球完整。操作方法是：采挖时先铲除树干周围的浮土，以树干为中心，按比土球直径大3～5cm的要求画一圆圈，沿圆圈挖宽约70cm的操作沟，开挖土球的深度根据树种的种类而定，一般深度小于土球直径，深根性树种的土球深度也不应超过土球直径。用铁铣将土球肩部修整圆滑，将土球上部修成干基中心略高至边缘渐低的凸镜状。自上而下修整至土球高一半时，逐渐向内收缩（使底径约为上径的1/3）呈上大、下略小的形状。深根性树种和沙壤土球应呈"橘子形"，浅根性树种和黏性土球可呈扁球形。修整土球要用锋利的铁锨，遇到较粗的树根时，用锯或剪将根切断，切忌用铁锨硬砸，以防土球松散。当土球修整到1/2深度时，可逐步向里收底，直到缩小到土球直径的1/3为止，然后将土球表面修整平滑，下部修一小平底。边挖边进行包装。

采挖一般采用人工进行开挖，如果地势宽阔，树体宽大，也可以采用小型挖掘机开挖。在采挖过程中，如遇到较细根系需要切断时，切口要求齐整平滑，不劈不裂，以使树木在栽植后易于愈合和生长新根，否则会引起腐烂而影响生根成活。如遇到较粗主根或侧根时，要用快斧砍成平茬根口，或用锯断根，断根后用刀削平断口。切不可用铁锨铲断，以免根口劈裂或震散土球。

（三）根系修剪

根系修剪是大树移栽采挖中的重要技术环节。抢救性移栽是采挖、修剪、包装同时进行的。根系修剪的目的一是保持树势平衡，使地上、地下部分营养供应比例均衡；二是对老根、烂根、损伤根进行修剪，确保根系不感染。

采挖时根据土球的完好程度修剪部分根茎，不同类型的大树，修剪程度是不同的，深根性树种的主根一般比浅根性树种的主根多保留3~4倍，如侧根保护完整，主根可尽量缩短。侧根的长度为树木胸径的1.5~2倍，侧根上的须根全部保留，过长的须根剪短，死根全部除去，剪口应平整。修剪后立即进行包装。

如果在起苗过程中不能带土球，应将大树的老根、烂根进行修剪，剪口涂上伤口保护剂，并把裸根沾上泥浆，再用湿草袋等物包裹。

（四）伤口处理

抢救性移栽由于修剪和施工损伤形成较多的伤口，这些伤口不仅导致水分流失，而且会引起伤口感染，因此必须对伤口进行保护处理，促进伤口尽快愈合，有效提高移栽成活率。

对伤口处理是对伤口进行消毒，涂伤口保护剂，防止伤口腐烂，促进愈合。伤口保护剂具有双重作用，既有容易涂抹、黏性好、受热不融化、不透雨水、不腐蚀大树的作用，又有防腐消毒的作用。目前市场上运用的伤口保护剂如伤口愈合剂、愈合膏、伤口涂抹剂等，使用十分方便。

（五）土球包装

1. 土球软材料包装

软材料选用草绳、橡皮筋或软质包装带，一般选用草绳，价格低，操作方便。大树抢救性移栽通常是边采挖、边修剪、边包装的"三边"工作同时进行，在土球挖至2/3深时，可将预先湿润过的草绳理顺（以免扭拉而断），于土球中部缠腰绳，2人合作边拉缠、边用木锤（或砖、石）敲打草绳，使绳略嵌入土球为度。要使每圈草绳紧靠，总宽达土球高的1/4～1/3（约20cm）并系牢即可。然后在土球底部向下挖一圈沟并向内铲去土，直至留下1/4～1/5的心土，遇到粗根应掏空土后锯断，这样可使草绳绕过底沿而不易松脱，然后用草绳等材料包扎。壤土和沙土均应用蒲包或塑料布把土球盖严，并用细绳稍加捆拢，再用草绳包扎；黏性土可直接用草绳包扎。

抢救性移栽土球的软包装主要采用橘子式。橘子式（如图4-5所示），先将草绳一头系在树干上（或腰绳上），呈稍倾斜经土球底沿绕过对面，向上约于球面一半处经树干折回，顺同一方向按一定间隔（疏密视土质而定）缠绕至满球。然后再绕第二遍，与第一遍肩沿处的草绳整齐相压，至满球后系牢。再于内腰绳的稍下部捆外腰绳，而后将内外腰绳呈锯齿状穿连绑紧。最后在计划将树推倒的方向沿土球外沿挖一道弧形沟，并将树轻轻推倒，这样树干不会碰到穴沿而损伤。壤土和沙土还需用蒲包垫于土球底部并用草绳与土球底沿纵向拴连系牢。

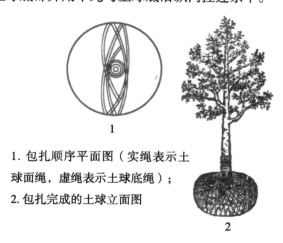

1

1. 包扎顺序平面图（实绳表示土球面绳，虚绳表示土球底绳）；
2. 包扎完成的土球立面图

2

图4-5　橘子式包扎示意图

2. 土球方箱包装

抢救性移栽通常采用软材料包装，但遇到特殊树体，如土球比较大，软包材料不能保证安全运输，或土壤是沙质土壤，土壤松散，以及垂直起吊的大树，采用方箱包装较为合适。

（1）箱板、工具及吊运车辆的准备

①应用厚5cm的坚韧木板，根据土球大小制备4块倒梯形壁板，并用宽10～15cm、与箱板同高的竖向木条钉牢。底板4块（宽40cm左右、长为箱板上边长、加两块壁板厚度的条板）。盖板2～4块（宽40cm左右、长为箱板上边长、加两块壁板厚度的条板），以及打孔薄钢板（厚0.5cm、宽3cm、长80～90cm）和10～12cm的钉子。

②附有8个卡子，粗约1.3cm，钢丝绳和紧线器各两个。

③小板镐及其他挖掘工具。

④油压千斤顶1台。

⑤根据土球重量配备相应吊车和卡车。

⑥支撑杆。

（2）挖土球。挖前，先用3根支撑杆将树干支牢，以树干为中心，按预定扩坨尺寸外加5cm画正方形，于线外垂直下挖60～80cm的沟直至规定深度。将土块四壁修成中部微凸比壁板稍大的倒梯形。遇到粗根忌用铲，可把根周围土削去成内凹状，并将根锯断，使之与土壁平，以保证四壁板收紧后与土紧贴。如图4-6、图4-7所示。

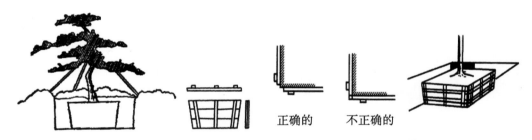

图4-6　修理后的土块形状与箱板　　　图4-7　箱板与紧绳器的安装方法

（3）上箱板。箱壁中部与干中心线对准，四壁板下口要保证对齐，上口沿可比土块略低。两块箱板的端部不要顶上，以免影响收紧。四周用木条顶住。距上、下口15～20cm处各横围两条钢丝绳，注意其上卡子不要卡在壁板外的板条上。钢丝绳和壁板板条间垫圆木墩，用紧绳器将壁板收紧，四角壁板间钉好薄钢板。然后再将沟挖深30～40cm，并用方木将箱板与坑壁支牢，用短把小板锄向土块底掏挖，达一定宽度，再上底板。具体见图4-8、图4-9。

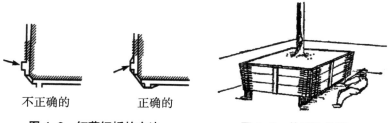

不正确的　　　　　正确的

图4-8　钉薄钢板的方法　　　　图4-9　从两边掏挖

一头垫短木墩，一头用千斤顶支起，钉好薄钢板，四角支好方木墩，再向里掏挖，间隔10～15cm再钉第二块底板。如图4-8所示。如遇到粗根，去掉根周之土并锯断。发现土松散，应用蒲包托好，再上底板。最后于土块面上树干两侧钉平行或呈井字形板条。

五、大树吊运技术

大树起挖包扎以后，应立即进行装运。大树运输吊装作业质量的好坏也是影响大树抢救性移栽成活的关键环节，因为在吊装、运输过程中，往往容易造成生理缺水、土球散落、树皮损伤等而使移栽功败垂成，因此，要尽量缩短吊运时间，对树木进行慢装轻放、支垫稳固、适时喷水等耐心细致的工作，同时注意工具设备的操作安全。对于带土球移栽的大树，在吊装和运输的过程中，要保护好土球，确保不使其破碎、散开。

（一）大树重量估算

在大树吊装、运输前，应先计算土台、大树及包装物的总重量，以便安排相应的起吊工具和运输车辆。大树重量可以根据经验值估算，也可以根据大树的空间体量、胸径、生物量、起吊地点及土壤紧实度等，采用公式估算。

经验值估算是根据以往采集的相同地点、相同树种和相同大小的移栽大树重量进行估算，具有较准确的参考价值。估算时凭借经验目测树体及土球的重量，对土球相对较小、树体不高、胸径50cm以下的大树一般采用目测法估算大树总重量。

公式法估算采用以下公式估算总重量：

$$W=A+B=\pi\ (1/2R)^2 \times h \times d+B$$

式中：W——移栽树体总重量；

A——土球重量；

B——树体重量；

R——土球半径；

h——土球高度（深度）；

d——土壤密度。

（二）大树的吊装

1. 吊装的常用方法

大树采挖包扎好后，必须立即吊装用车运走。大树移栽中，吊装是关键，起吊不当往往会造成泥球损坏、树皮损伤，影响移栽成活率。吊装时要根据具体情况选择适当的起吊设备，确保吊装过程中土球不散落，树皮免受损伤。选用起吊、装载能力大于树体重量的机车、滑轮和适合现场使用的起重机类型。软土地可选用履带式的起吊设备，其特点是履带与土的接触面积大，易于在土上移动。硬地可采用轮胎式吊车进行吊装。大树的吊装必须保证树木整体的完整和吊装人员的安全，大树吊装前应事先准备好必需的吊带、粗麻绳、木板和蒲包等。

根据大树抢救性移栽方法的不同，其吊装方法也有一定差异。大树起吊常用方法按着力点分有吊干法、吊土球法，按起吊方式分有垂直起吊法和水平起吊法。

（1）吊杆法。此法的着力点主要集中在树干的某一点上，可以最大限度地保护大树根部，其关键是在操作过程中一定要注意对树皮的保护。可先用草绳等软物对树干进行包扎，包扎时从树干基部包至起吊位置，包扎双层，外层再用木条紧挨捆成一圈，一定要捆实、扎紧，以免起吊时松动，挤伤树皮。起吊着力点根据树木的根冠比例而定，土球略重，一般定在根上50cm左右。此法起吊因土球悬空，需要起吊力较大，也容易造成土球大幅度摆动。起吊前应在树干上部系一根牵引绳，以控制树干摆动，便于定位装车。吊杆法移栽大树，最大限度地减少了对根系的损伤，从而有利于大树代谢平衡的恢复，提高了大树移栽的成活率。

（2）吊土球法。大树抢救性移栽过程中多采用此种方法，成功率也较高。采用吊土球法的好处是不伤树干，但对土球包装要求严格，如采用橘子包装法扎紧、扎密后从表面上看不到土球外露。起吊前先准备5块木板，均匀地斜插在土球外围，然后用吊带打成"O"形油瓶结，托于土球下部进行起吊。因有木板分散吊带局部压力，一般土球不会受损。

（3）垂直起吊法。吊带以宽面交叉兜住土球底部中央，在土球上面用草绳将吊带绑紧土球，起吊时再用草绳将吊带绑紧在树干上面，保证大树向垂直方向起吊。垂直起吊以吊带宽面兜住土球，有利于减少土球的损坏，但缺点是吊装完成后不便于取出吊带，取吊带时容易造成大树倾倒。垂直起吊法常用于丛生大树，由于树体整体不高，各分枝相对来讲都较弱，不能单独承受整株大树（包括土球）重量，因此只能采用垂直起吊法。对年龄较长，树体矮且树形优美的景观树也常采用垂直起吊法。一般方箱包装通常采用垂直起吊。见图4-10所示。

（4）水平起吊法：水平起吊法树体起吊着力点通常有两处，主吊钩的吊带应尽量绑扎在靠近土球的树干上（必要时也可以兜住土球），副吊钩吊在靠树梢方向的树干或主枝上，保持树体平衡，也可以采用一个吊钩，但树体着力点有两处。水平起吊法通常是吊杆法和吊土球法相结合，高大的大树多用此法（如果单一采用吊杆法或吊土球法难以找到平衡点）。如果树体高、树梢方向重，大树向树梢倾斜，则树干吊带向树梢方向移动，保持平衡然后进行水平起吊位移。如果土球较重，起吊时大树向土球倾斜，则树干的吊带向土球移动，直到树体水平。水平起吊也有必要在靠近树梢端系上牵引绳，人工牵引调节大树水平度，然后进行水平起吊位移。

水平起吊法应用比较普遍，吊带绑扎、松绑都较为方便。下卸栽植落穴时，主吊钩调整土球位置，副吊钩调整大树垂直度，轻松省力。除丛生大树或有特殊要求外，大树抢救性移栽一般都采用水平起吊法。采用水平起吊法时，尤其要对吊带的绑扎位置进行技术处理，否则易损伤树体。技术处理如在起吊着力点绑扎草绳，然后再钉木板等，总之要最大限度地减少对树体的损伤。见图4-11所示。

图 4-10　垂直起吊

图 4-11　水平起吊

2. 带土球移栽的吊装

大树抢救性移栽带土球吊装通常使用水平起吊的方式，采取吊土球法和吊杆法相结合的方法进行。

大树吊装时，先将双股吊带的一头留出1m左右结扣固定，再将双股吊带分开，捆在土球由上向下3/5的位置处，将其绑紧，在吊带与土球接触的地方用木块垫上，以免吊带绳勒入土球，伤害根系。再将双股吊带另一端捆绑在树干靠近树梢段，吊带套在经保护的树干上。最后将双股吊带中间位置挂在吊钩上慢慢起吊，根据树体倾斜度移动吊钩位置，直到平衡后起吊。同时，可在靠近树梢的部位绑扎牵引绳，根据树体的倾斜度，采取不同的角度调整树体水平度，如土球较重则人工牵引保持水平，如树梢较重则挂上起吊副钩起吊。

装车时车厢尾部固定横梁，运输车辆的车厢内需铺衬垫物，树木应轻放于衬垫物上。通常大树装车土球在前、树冠向后放在车厢尾部，可以避免运输途中因逆风而使枝梢翘起折断。为了放稳土球，应使用木块或砖头将土球的底部卡紧，同时用草绳和紧线器将土球固定在车厢内，使土球不会滚动，以免在运输过程中将土球颠散。大树土球处应盖草褥等物进行保护，树身与车板接触之处，必须垫软物，并用绳索紧紧固定，以防擦伤树皮。靠近树梢的树干部分应铺垫厚物或在车厢相应位置安装固定物，高度与土球半径相当，使树体保持水平。树冠较大的大树，要用细草绳或橡皮筋将树冠围拢好，使树冠不至于接触地面，以免运输过程中碰断树枝，损伤冠形。如图4-12所示。

大树抢救性移栽中，根据树体大小及运输车辆的载重，有时可吊装多株大树，如胸径20cm左右的大树，大吊运20t拖车可以装运3~5株。装运多株大树时，各株大树土球要前后错开叠放，树体较长的放在底层，树体相对较短的放在上层，各株之间用软物隔开，且用草绳固定，避免树体之间摩擦损伤树皮，挤撒土球。如图4-13所示。

图 4-12　单株吊装

图 4-13　多株吊装

（三）大树的运输

为了避免长时间的风吹日晒，使树体水分散失，降低栽植成活率，大树采挖装车后，应立即运输至目的地进行栽植，尽量缩短运输时间。在运输过程中，对运输车辆可能触及树体的任何部位都要特别加以保护，以免树皮和韧皮部受伤，同时还需适当控制运输速度，以尽量减少由于车辆颠簸所造成的不必要损伤。

运输大树的车辆种类很多，从起重卡车至载重近百吨的大型平板车都可以使用，需根据所移栽大树树体的大小、土球的重量及运输路途的远近、运输成本确定采用何种车辆。

1. 对押运人员的要求

运输大树应由运输组负责，运输时车上有专人负责押运。负责大树押运的人员，必须要了解所运大树的树种、规格和卸树的地点。运输过程中，押运人员要随时观察树体情况，发现松动及时停车整理，严禁押运人员蹬踩树干或土球。切不可坐在木箱或土球底部，以免造成土球破裂，以及发生危险事故。一般押运人员坐于运输车辆后排，最佳是安排专门的押运车辆，跟于运输车辆后面，随时观察运输情况。大树运输至目的地后，押运人员应向施工人员交接，核对树木编号及有无损伤情况等，起吊下卸。

2. 运输过程中的注意事项

为了保证运输过程安全顺利，提高大树移栽成活率，运输过程中应注意以下几个方面的事项。

（1）采挖包装好的大树应及时运走，越快越好，不得拖延。运输时的天气应以小雨或阴天为佳，多云天气次之，晴天最好选择夜间运输。若遇大雨，应在土球部位加盖草帘或苫布等物，以防止大雨冲淋导致土球散包。大风天气亦不适合运输，容易造成枝叶、根系及土球大量失水，降低栽植成活率。

（2）远距离运输的大树，要定时在树干及树冠上喷水并防日光曝晒。

（3）大树运输时，运输工具通常都会超长、超宽、超高，虽是就近移栽，也应在运输前考察路线，保证运输过程的畅通，缩短运输时间。

（4）运输过程中应随时观察车辆的运行情况，遇道路不平或有高空线时，押运人员应与司机配合好，使车辆慢行。押运员应随时检查行车过程中土球的绑扎是否松动，树冠是否散开扫地，车厢左右是否影响到其他车辆及行人。同时车上应备有竹竿，以备途中随时挑开较低架空线，避免发生不必要的危险。

3. 运输过程的保障

（1）道路畅通。大树运输过程中道路畅通是运输的关键，如道路不畅，有些大树在长时间运输过程中会失水死亡。特别是在抢救性移栽中，有可能碰到反季节移栽，对移栽时间的要求极高；即便是正常季节移栽，没有经过前期正常的断根缩坨处理或假植处理，运输过程太长，大树一样会因失水过多而死亡。在前期准备工作中，对运输路线的选择得当，对线路中的障碍物处理得当，运输时间的选择得当，可以极大地保障运输通畅。运输前，要向当地交管部门、运政部门汇报，争取相关部门的支持，若有必要，对特殊大树如树体相当庞大、价值较高的大树运输，需要申请交管部门在运输车辆前面引路，保障大树运输的通畅。

（2）运输工具。装运前要充分检查运输工具，保证运输车辆状况良好，油量充足，确保运输过程中不因运输工具出问题而耽误运输时间。

（3）吊装得当。运输前大树吊装得当，严格按吊装技术进行装车，确保大树装车后树体稳固。若因装车不妥而在运输途中出现松动甚至掉落，将极大地影响大树运输时间，甚至发生安全事故。

（4）确保安全。大树运输一般树体都是超长甚至超宽，在运输过程中容易发生刮碰等现象，特别是运输路段坡度较大时树体容易滑落，一旦出现类似情况就会造成安全事故。因此在运输途中押运人员要随时观察，押运车辆与运输车辆保持一定的安全距离，确保运输安全。

（四）大树的下卸

大树运输到移栽地点后，应在指定位置卸车，卸车的基本操作与装车大体相同，起吊过程要求平稳，以确保树体不受损伤，土球不破裂。

移栽的大树在卸车时，其具体操作方法与吊装时相同，当大树被缓缓吊起离开车厢时，应将装运车辆立即开走，在土球准备落地处横放一根或数根高度在35～40cm的大方木，再将土球徐徐放下，使上口落在方木上；然后用木棍顶住土球落地的一边，以防土球滑动，逐渐松动吊绳，摆动吊杆，使大树缓缓下放。当土球不再滑动时，即可去掉木棍，并在土球落地处按80～100cm的距离平行地垫上两根10cm×10cm×200cm的方木，以便栽植时撤除包装绳等包扎物，如图4-14所示。

抢救性移栽大树的下卸与栽植最好同时进行，除非运输车辆无法到达栽植穴或起吊机械的起吊臂不能到达栽植穴，需要人工二次搬运外，一般下卸时吊起大树即落放在栽植穴旁，即下即栽，既减少了工序、节约了时间，又保证了大树的成活率。

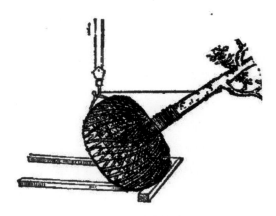

图4-14 大树下卸

六、大树栽植技术

大树栽植技术是指从大树运输到移栽地后，入穴、回填土、浇定根水、支撑、围堰全过程的操作方法。正确而细致的栽植技术，是大树成活和健康生长的关键技术之一。栽植对于树木而言，就像地基对房屋一样重要，没有好的基础，房屋就会坍塌。同样大树移栽栽植技术不到位，树木将生长不良甚至不会成活。因此，大树移栽中要确保栽植的基本技术规范、得当，特别是大树抢救性移栽，时间紧，还可能是反季节移栽，对栽植技术要求更高。

大树抢救性移栽施工各个工组同时进行实施，在移栽采挖、吊运的同时，移栽地准备工作已完成，栽植穴已挖好，回填土已回填，如需要换土的更换土壤已运至栽植穴旁边。

（一）大树栽植的时间计划

大树抢救性移栽前，应先对移栽的大树分别定出具体的栽植日期，做计划表，然后安排移栽地定点放线、平整土地、挖栽植穴、换土回填施肥、起运大树等事项的进度日程，每株大树都要及时挖起，及时栽植。运输到移栽地后即下即栽。

（二）大树栽植的方向和深度

1. 植株方向

在大树栽植施工中，不能只单纯注意根系的填埋，同时要对植株地上部分作妥善的朝向安排。植株方向的确定主要依据大树自身的形态特征，最好保持其在原生地的方位和朝向，以减少大树周围环境的变化对大树的影响，提高大树适应周围环境的能力与大树移栽的成活率。

2. 栽植深度

大树在定植后能否正常生长，栽植深度是其中一个重要的影响因子。栽植穴的深度并不就是栽植的深度，若因土质不良等因素而加大了栽植穴的深度时，则更须严格掌握栽植的深度。

确定栽植深度时应充分考虑两个方面的基本情况：一是树种根系的生态特性和分布形态，以及树种的生理特点，具有不同根系特点的树种对栽植深度有不同要求。对于浅根性树种，其根系接近地面，呈平展分布，需要有一定的空气流量，并且不耐涝渍，要保证根系生长部位排水和透气性良好，要浅栽。对于深根性树种，其根系主要分布在较深层的土层中，能耐受一定的闭塞环境，可以适当深栽，以增强树体的稳固性。二是定植地点的地势、地貌、土壤质地、地下水位和排水状况。通常地下水位高、土壤黏重、排水不良的低洼地，栽植时需浅栽；而地下水位低，土壤排水、透气性好的斜坡和高地可以适当深栽。

（三）大树栽植

（1）大树运输至移栽地后，应仔细核对大树标签与树穴标牌标注的树种及编号，其标注应一致，特别是古树和珍贵树种更要如此。核实后将大树下卸至对应坑穴旁边水平放置，使土球放置于坑穴边20cm左右，也可以慢慢放松吊车吊钩，使树体保持一定的倾斜度，土球放置于坑穴边20cm左右，便于解除土球包装和二次修剪。

（2）大树栽植前，测定土球厚度，检查树穴的大小、深浅，对不能满足大树栽植条件的坑穴应立即扩挖，结合地面标高调整树穴深度。大树栽植的深浅应合适，土球一般应低于地面5cm左右。

（3）解除包扎土球底部的包扎物和包扎树冠的绳子，使树冠张开，对大树进行栽植前的第二次修剪。二次修剪是在大树采挖前树冠修剪的基础上进行树冠、树枝的仔细修剪，以及对采挖时根系修剪后的断根、伤根进行再次修剪。首先对根系进行二次修剪，去除破损根系、采挖时修剪不到位的根系，保证断口平滑，并进行消毒；其次是树冠、树枝的修剪，剪去因大树装卸、运输造成的断枝、伤枝，进一步仔细修剪重叠枝、内向枝、纤弱枝、徒长枝、枯枝等，常绿树还需剪出嫩枝和部分叶片等，对大树做定型精修剪。

（4）伤口处理、消毒。不管是剪口还是树体损伤部位，均要进行伤口处理，处理前对伤口进行消毒。消毒一般可采用氢氧化钙、氯化汞、75%的乙醇等按以下方法进行。

①将氢氧化钙与水混合制成白浆状液体，涂抹在树干、枝条、根部等伤口部位上即可。

②将氯化汞加水稀释后，涂刷在树的伤口上，用于杀死细菌和真菌。

③将75%的乙醇倒入喷雾瓶中，对伤口进行喷洒，这可以有效地杀灭一些病毒和细菌。

对于消毒杀菌、伤口处理，市场上有很多成熟的产品，可购买后直接使用。

栽植时，对根部的消毒尤其重要，因为根部与新土壤直接接触，伤口多，容易造成感染，影响成活。最好同时对栽植穴及回填土进行消毒，保证栽植后根部不感染。

（5）大树经修剪、伤口处理后，即启动吊车，缓慢将树调至树穴，当土球入穴后即收副吊钩，使树慢慢立起，然后转动树冠，使大树的正北向与树上标注的方向一致，然后轻放大树，使大树立于栽植穴中心，并保持树体正立，使树冠主尖与根在同一垂直线上。

（6）第一次回填土时应用细土入穴，分层筑实，当回填达20～30cm时须用木棍将其筑实，筑土时应朝土球底部中心方向用力，使回土与土球底部充分接触。然后继续加填，当回填土厚度达到土球厚度的1/4时轻下吊钩，如树体直立不动，即稳住吊钩，进行大树支撑，如树体有倾斜，应重新正立树体，加土回填并筑实，至树体不动时为止。

（7）如果土壤板结，透气性差的坑穴，回填土时在树坑外壁均匀预埋100mm左右的PVC管（管壁须钻孔、孔径2～3cm、孔密度10cm×10cm）或竹编筒通气管，埋管数量根据树体大小确定。

（8）支撑：大树支撑一般采取三角桩支撑，如果树体高大则可采取四角桩或多角桩支撑。支撑点应在树干的1/2～2/3处，支撑杆在树干支撑点的一端垫软物，避免损伤树体，另一端埋入地面下30cm，达到固定为宜，以防人畜破坏。扶架时考虑到歪、倒、斜方向的支撑要承受较大的力，要选择相应粗细的支撑杆来做支撑，对于歪斜较严重的大树，除三角桩支撑外，在承受力大的一侧可多加一个支撑，并在支撑点处顶上一块木板等垫物，用来分散力传送方向，木板与树干接触面应设接触软垫，避免对树皮造成损伤。支撑杆可以使用木棍、竹竿，也可以使用市场上销售的专用支撑杆、地面支座进行支撑。

（9）大树栽植通过第一次回土并进行支撑固定后，对根系较少的大树用喷雾器对根部泥球四周喷洒50mg/L的生根粉剂2～3次，每次间隔10min，再进行第二次回填土，回土时同样采取分层填土筑实的方式进行，当回土高度达到土球高度的4/5时，放下吊钩，撤离吊车，利用未填满土的沟槽浇第一次定根水，慢淹至栽植穴面，经检查确定浸透后再覆土至地平面，并在栽植穴的边缘筑一水圈，水圈高度30cm左右，浇第二次定根水，直至浸透为止。浇水时，如遇土壤坍陷漏水，则应填土堵漏再补水。

（10）预埋塑料管或竹筒以备根下部浇水。如果土壤板结可在大树落穴时根据栽植坑穴的设置在不同方向预埋2根左右塑料管或竹筒，高度要高出土球上方10cm左右，以培土时不被覆盖为准，在后期浇水不透、根下部无法浇透水时，可以从管孔或竹筒里直接灌水，直达根底部。同时还可以起到排气的作用，使根部能有更好的换气条件。

（11）定根水浇透以后，应将树圈刨平封堰，设置浇水槽。同时清理栽植施工现场杂物，保护环境。

七、浅坑堆栽法

（一）浅坑堆栽法的提出

在大树移栽中，不管是正常移栽还是抢救性移栽，都会存在坑穴积水、排水不良的问题，特别是在移栽地土壤质地为黏土、容易板结的地方，积水较多，不透气，严重影响了大树的存活及生长。常用方法是在坑穴中拌入部分沙土，或放排气管、排水管，但在实施过程中较为麻烦，且对于排除积水难度较大。因此，作者在实际工作中研究总结出了浅坑堆栽的方法，不易积水，且透气性较好，工作简便，更有利于树木的成活、生长发育。

浅坑堆栽法关键技术是要求挖浅坑（栽植穴），渐近堆土。堆土土壤是要经消毒处理过的疏松土壤，渐近堆土至土球以上，以覆盖土球、树木稳固为准。主要目的是有利于排水透气和大树生长发育。

（二）浅坑堆栽的技术准备

浅坑堆栽的常用技术准备工作大多数与正常栽植方法相同，但有所侧重，顾名思义，浅坑堆栽所挖坑穴要浅，用堆土的方法进行栽植。与正常栽植方法不同的是需要特别做好以下工作准备。

1. 堆土

因为所挖坑穴较浅，沿大树土球堆土较多，因此需要准备较多堆土，堆土要求土壤肥力较高，经过改良、消毒的疏松土壤，最好为沙质土。堆土放置在离坑沿1m以内，便于堆土。土壤消毒采用二氧化氯消毒剂，该消毒剂在水中能够快速释放出新生态原子氧，达到迅速杀灭细菌、真菌、病毒、芽孢的目的，同时还能与重金属、硫化物、酚类、氨类等物质快速反应，有去污除臭、灭菌、降解毒素、去除农药残留等作用，且不产生"三致"物质（致畸、致癌、致突变）。

2. 支撑杆

因为坑穴较浅，树体容易倾斜，堆栽时所用支撑杆需要用专门的大树栽植支撑杆，或者用钢棍、耐压力强的树木棍等。支撑点常采用三角桩支撑，如果树体高大，则可采用四角桩或多角桩支撑。

（三）浅坑堆栽的技术要点

1. 挖穴

浅坑堆栽挖坑要浅，以防积水，坑深一般为土球的1/3～2/3，原则是只要能让树体达到一定的稳定不倒即可。挖穴的范围要大于土球，一般比大树土球的直径大40～60cm，穴面平整，穴底土质松软，保持一定的回填土。详见图4-15、图4-16所示。

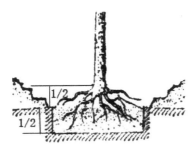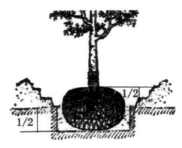

图 4-15　浅坑示意图 1　　　　　　　　图 4-16　浅坑示意图 2

2. 栽植

（1）入穴回填。栽植技术与抢救性移栽正常栽植技术大体相似，吊车起吊树体放倒在栽植穴旁，泥球着地处离栽植坑穴边沿要有一定的距离，然后清理树根创伤面，涂上愈合剂，喷洒生根剂，起吊土球入穴立正。接着用吊带锁定树体上端夹板"扶"立栽植，根据原生地方位摆正位置后回填土。回土时夯实土球与坑穴之间的缝隙，以不让树体旋转移位为宜，施工中注意避免因树体移位二次起吊栽植损伤树体。回填土快接近穴面时（约10cm），第一次浇透定根水，然后再回填与坑穴齐平。

（2）支撑。回填土与坑穴齐平后，用准备好的支撑物支撑树体，根据大树树形采用多角桩支撑，与常规栽植一样，支撑物的地面端埋入地面下30cm左右，或在地面的支撑处设置高30cm的桩，将支撑杆的地面支撑点支撑在桩上并用铁丝固定，使大树保持直立。在第一次回填土后如果树体有位移，调整树体位置后重新调节支撑物，再次夯实回填土，确保树体方位一致，树体直立后固定支撑，保持树体不倒。在回填、支撑过程中，吊车始终保持起吊状态以保持树体直立，工作中根据栽植需求调节起吊力度。

（3）堆土。回填土与坑穴齐平后，采用机械辅助人工跟进堆土，沿土球渐进呈环状倾斜堆土，边堆边夯实，使堆土与土球充分接触融合。堆土时在地平面土球外缘40～60cm处，渐进倾斜（斜面）堆至与土球齐平，然后以树干为中心环状堆土高20cm左右（胸径15cm以下的大树环状堆土高10cm

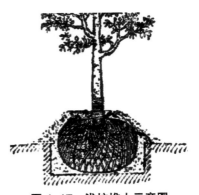

图 4-17　浅坑堆土示意图

左右），堆土厚度以堆土完成后使堆土斜面大致呈45°坡面为宜。堆土要夯实，不能坍塌或浇水冲刷流失，必要时可以在堆土上覆盖可降解的生态毯，或用草坪铺于堆土表面，保温、保湿、保土。详见图4-17所示。

（4）围堰。堆土完成后，在堆土上平台边缘用石块或硬土砌15cm厚的堰台，围绕树干形成环形浇水槽，用于二次浇定根水和后期管护浇水。

（5）浇水。围堰完成后，浇第二次定根水，二次定根水浇灌力度不宜过大，以漫浸为主，如果浇灌力度过大则将冲毁堰槽，冲塌堆土，不仅会造成堆土工作返工，而且会造成小范围的水土流失。二次定根水浇透土壤即可。

（四）浅坑堆栽法的技术优势

1. 解决坑穴积水问题

常规栽植坑穴比大树采挖土球要深，栽植后浇水以及雨水容易淤积在坑底，导致大树根部腐烂，影响成活。浅坑堆栽坑穴深度比土球高度要浅，一般只有土球高度的1/3，最多也只到土球高度的2/3。下部回填土及上部堆土均是经过改良的沙质种植土，堆土坡面高于坑面，正常浇水或雨水除土壤和根系吸收外，多余水分会顺堆积土坡面流出外排或自然蒸腾，不会淤积于坑底。浅坑堆栽法解决了坑底积水的难题，比起安放排水管既省工省时，又节约了财物。

2. 解决排气问题

俗话说"根深叶茂"，只有根长得好，树木的枝叶才会茂盛。正常情况下，植物的根不但多，而且长，一般情况下根至少是树冠的1.5倍。根部吸收土壤中的养分和水分，需要良好的透气环境。常规栽植方法是打排气孔或者栽植时安放排气管，浅坑堆栽法坑穴较浅，坑面的堆土是经过改良的沙质土壤，堆土直接与空气接触，不像常规栽植中坑壁阻隔了土球与回填土的换气。因此浅坑堆栽法解决了坑穴透气的难题，使根部透气性强，节省工序，节约物资，能快速促进根系生长发育。

3. 解决土壤板结问题

大树移栽采用常规方法栽植的坑穴较深，特别是在壤土地段容易造成土壤板结，且后期松土难度大。浅坑堆栽法栽植坑穴较浅，堆土时环状渐进堆土为改良后的沙质土壤，不易板结。浅坑堆栽法解决了坑穴土壤板结的问题，堆土疏松，且后期养护松土较为容易，有利于大树的成活生长。

第五章 大树抢救性移栽管护

Chapter 5

采用规范化的栽植方法抢救移栽大树后，为了确保成活率，还必须精心管理养护，其中最重要的是保持树势平衡，因而水分、营养管理是关键。植后1年尤其是前3个月大树难以自然达到树势平衡，需要根据树种习性、生态特点、气候、土壤条件等不同，选择科学、合理的水肥管理措施，不仅节约人力、物力、水资源，更主要的是能确保落叶树种早发芽、不回芽，常绿树种不脱叶或少脱叶，再加上其他相应的配套管理措施如松土、病虫害防治等，最终达到提高抢救性移栽大树成活的概率。

■ 一、移栽初期管护技术

大树抢救性移栽中，移栽初期是指移栽后大树的第一个生长期，一般在6～12个月，最多不超过1年。根据移栽时间不同，移栽初期长短也不相同，第一次发芽成活时期为移栽初期的典型判断标志。移栽初期管护主要是保证大树移栽成活的管护，目的是使大树成活，主要技术包括捆扎保湿、浇水、排水、排气、喷洒蒸腾抑制剂、遮阴、输液、剥芽、除萌打梢、病虫害防治等。

（一）捆扎保湿

为防止新植大树树体水分过度蒸腾，影响成活率，通常对树干采取以下保湿措施，可以减少浇水量。

1. 裹草绑膜

先用草帘或直接用稻草将树干包好，然后用细绳将其固定在树干上，接着用水管或喷雾器将稻草喷湿，也可先将草帘或稻草浸湿后再包裹，继之用塑料薄膜包于草帘或稻草的外层，最后用细绳将薄膜捆扎在树干上。根部靠近土球处覆土浇透水后，连同干兜四周约土球直径大小的范围内一并覆盖上地膜，地膜周边用土压好，这样可利用土壤湿度的调节作用，保证被包裹树干空间内有足够的温度和湿度。当裹草绑膜影响树体景观时，可在裹草绑膜完成后，再在外面缠绕一层粗白麻布条，这样既可与环境相协调，防止夏季薄膜内温度太高，也有利于树干的保湿成活。大树萌芽成活后，随着气温的升高及雨季的到来，根据具体情况逐步除去绑缚在主干上及覆盖在树干周围土面上的塑料薄膜，使其接受阳光雨露的滋润。

2. 缠绳绑膜

先将树干用粗橡皮筋环环相扣捆紧，并将橡皮筋浇透水，外绑塑料薄膜保湿，基部地面覆膜压土的方法与裹草绑膜法相同，保湿调温效果明显，同样有利于成活。

3. 保湿布缠绕保湿

在抢救性移栽中时间较紧，根据各类大树的特质，可以用保湿布直接缠绕在树干上，既保湿透气，又操作简单。但用保湿布缠绕时施工要求仔细，用于主干部分保湿，在分枝以上特别注意在芽包处留出缝隙利于出芽。在出芽期多观察，有保湿布阻碍出芽的，人工修剪保湿布，甚至在出芽期拆除保湿布。见图5-1所示。

图 5-1 保湿布保湿示意图

以上几种方法的原理相同，只是在材料选择上有所差别，将树干用塑料薄膜封闭，强制性保温、保湿，比传统的人工喷水养护更稳定、更均匀，能将不良天气对大树的影响和伤害降到最低，但与保湿布一样会影响芽包出芽。树体成活，树上部开始发芽后，在当年一般不可拆卸树干保湿物，经过生长期的适应性周期生长，树木生长稳定后，方可拆除保湿物。

根据抢救性移栽的时间，上述的树干保湿操作也可在大树移植前修剪时进行，这样更为方便。但如果抢救性移栽时间紧迫，大部分在移栽结束后进行保湿。

（二）浇水

抢救性移栽的大树，尽管留有土球，但没有经过正常的断根缩坨养护期或假植期，根系外缘的吸收根失去较多，留下的多是无吸收功能的老根，再生能力差，新根生长慢，吸收能力难以恢复。而树体仍在大量蒸腾，根系吸收供应的水分小于杆、枝、叶蒸腾消耗的水分，打破了树势平衡，时间一久，就会导致植株脱水而死。因此，栽植时应浇透定根水，水气渐干后浅耕树盘浇水槽，切断土壤毛细管，增强透气性能，并用薄膜或草席覆盖，以提高保湿能力。以后每隔5～7天揭开盖膜或盖席检查一次，如膜下或席下土壤已无湿气，应立即沿堰槽浇水，浇水必须次次浇透，同时向树干、树冠喷洒水分，以淋湿即可。浇水要勤观察，如间隔时间过长，浇水不透，土壤过干，易引起失水萎蔫；浇水过勤过多，土壤过湿，土温偏低，特别是坑穴积水，则会抑制新根生长，甚至导致烂根。因此，大树移栽多推荐采用浅坑堆栽法，使排水、透气更加通透。

6—9月气温较高，南方多地气温在30℃以上，有的甚至高达40℃以上，如此高温的天气，是一年中水分管理的最难时期。如管理不当容易造成根系缺水、树皮龟裂，会导致大树死亡。这时的管理要特别注意根部灌水，通常可以通过堰槽浇水，或者往栽植回填土时预埋的塑料管或竹筒内灌水，此方法可避免浇"半截水"，能一次浇透，平常要使土壤见干见湿。也可往土球外地面浇水，增加树木周围土壤的湿度。

（三）排水、排气

排水是防涝保树的主要措施。由于地下水位过高、长期阴雨、低洼处积水、人工浇水不当等引起的土壤水分过多、氧气不足，抑制了大树的根系呼吸，减退了吸收机能。严重缺氧时，根系进行无氧呼吸，容易积累乙醇使蛋白质凝固，引起根系腐烂。即使有部分尚未腐烂的根系，也会由于土壤过湿而影响树木对水分的吸收。由于地上部分的蒸腾仍在进行，从而因根部失水导致树势平衡失调，大树逐渐失水而死。为尽早恢复其正常生长，关键是要排出积水，吸收氧气，减少对大树的进一步伤害。排水、排气主要采取以下措施：

1. 自然排水

对于水位较低地段栽植的大树，或者在斜、缓坡面栽植的大树，一般情况下不会发生积水现象，可进行自然排水。要求管护人员对大树进行适时观察，根据树体和土壤情况适时浇水。另外，栽植中采用浅坑堆栽法移栽的大树，因栽植穴较浅，土球高出地面，采取环状渐进堆土，堆土多为沙壤土，因此也可进行自然排水。

2. 人工排水

在抢救性移栽初期大树根部伤口未愈合，坑穴积水浸泡往往会造成树体死亡。对于栽植在地势低洼处或地下水位较高处的大树来说，为避免积水，视积水程度，除栽植时设置排水管外，可在树冠下坡位挖1.5m²、2m深的坑洞，洞口高于地面10cm左右并加盖。当洞内渗水达到一定量时，可人工排水或用水泵抽水，避免树木根系长时间浸泡在水中。采用该法排水，效果较显著。如果大树移植在平地或凹地，挖排水坑洞的个数根据地形而定，最多4个即可人工排水。

3. 排气

可以在栽植坑穴底部预埋管道，使用其通向地面，可以通过管道排气，吸入氧气，排出二氧化碳。另外，排气管在干旱时可以用于浇水。另外，栽植中采用浅坑堆栽法移栽的大树，因栽植穴较浅，土球高出地面，采取环状渐进堆土，堆土多为沙壤土，自然排气促进根部呼吸较佳。

（四）喷洒蒸腾抑制剂

为提高栽植树木成活率，抑制大树栽植后水分的过度蒸腾，可将蒸腾抑制剂浓缩液稀释20～30倍后，采用人工或无人机喷洒叶面、树体，抑制水分蒸腾，维持树势平衡。喷洒时不应向树木新芽及花芽上喷洒。

（五）遮阴

为避免水分过度蒸腾，在阳光比较强烈、气温达到30℃以上时，必须搭遮阴网对部分移栽大树进行遮阴，减少树体水分蒸腾。搭建遮阴网时在树冠外围搭"几"字形支架，盖遮阴网，这样能较好地挡住太阳的直射光，使树木免遭灼伤。遮阴网上方及四周与树冠保持50cm左右距离，以保证网内有一定的空气流动空间，防止树冠日灼危害。也可用70%的遮阴网，让树体接受一定的散射光，以保证树体进行光合作用。遮阴网见图5-2所示。

图5-2　遮阴网示意图

（六）输液

大树移栽后的根系吸收功能差，根系吸收的水分和营养不能满足树体蒸腾和生长的需要，所以除树盘灌水保湿外，还应用输液方法补充树体的营养和水分。不是所有树木都适合输液，凡是容易流胶、流脂或水分含量足的树木如桃、碧桃、火炬树、松柏、樱桃、荔枝、龙眼、樱花、柑橘、杏、梅、柠檬、木棉、棕榈科植物等，这类树木由于病菌侵袭、虫蛀、机械损伤、冻害、日灼等造成伤口和营养失调，会出现树干流胶或流脂现象，导致输液孔堵塞，伤口感染，继而影响树体成活及生长。如松科大树一旦出现伤口，松香就会溢出，吊袋的输液孔就会被堵塞，造成伤口感染。

图 5-3　输液示意图

对于适合输液的大树，输液保持了树势平衡，促进了大树成活及生长发育，特别是抢救性移栽大树，移栽时间紧，准备仓促，甚至是反季节移栽，输液是必不可少的手段，有时会起到立竿见影的效果。输液见图5-3所示。输液的技术重点大致包括以下步骤。

1. 输液位置

无论是整株输液还是局部输液，一般要求从输液部位输入的液体能均匀分布于目标部位。因为选择输液的部位不同，输入液体在树体内的流向也不同。一般情况下输液部位低，输入液体向上输送过程中有较长的时间做横向扩散，扩散的面积大，输入液体在全株的分布也更趋均匀；输液时若将孔打在局部小枝上，根据就近原则，药液则被单枝吸收；打在枝条的下方，根据同向运输法则，则会被打孔上方的枝条吸收。

应优先选用具有一定恢复能力或易于保护的输液部位。如选择根上或根颈部位输液，该部位愈合能力最强，伤口愈合快，由于孔口位置低，便于堆土保护，夏季保墒、防日灼，冬季防冻，还可防止病虫侵入注孔。根据树体高度和体量大小确定输液部位，针对较小树体（胸径小于5cm的不可输液），可选在根颈部1~2孔输液，全株均匀分布药液；树体高大，根颈部输液路程较远，可采用接力输送法，在主干中上部位及主枝上打孔，让药液均匀分布全株；栽植大树冠幅大，急于补充水分、养分，可直接在需要救护的枝干部位打孔输液；对于松柏科植物，在生长旺盛期输液，树脂流胶容易堵塞孔口，可在树液流动缓慢时，选用流胶少的部位（成熟的老组织），选用大孔针头，增加吊注液的压力进行输液；有些古树名木，树心部容易出现空洞，应该选择在主枝和主根上输液，有利于均匀输导药液。

2. 打孔方向和方式

首先，打孔的方向我们要选择在大树的东、西方向，这主要是由于阳光照射的原因，而阳光照射较多的南方与阳光照射较少的北方树干内部结构有较大差异。为了使打孔的深度恰好达到运输营养物质的木质部，打孔方向最好选择光照较为均匀的东、西方向。打孔需要选择斜向下45°的角度，这样更有利于营养液的输入。

3. 大树输入液（袋）的选择

（1）输入液。大树输入液应该是根据大树需求进行营养配比的、无菌易吸收的、对大树成活有帮助的液体。目前市场上专门用于树体营养的液剂也很成熟，品种较多，根据移栽大树的特点购买现成产品进行"滴流"输液。

（2）输液袋。大树输液袋的选择，目前很多输液袋不具有避光性，吊注一些促根促芽的调节剂物质，见光很快分解失效了。保证选择的合格输入液化学性质稳定，不变质、不变色、不产生绿藻悬浮物，是选择合格输液袋的基本标准。

合格输液袋的特征为：①具有一定的避光性。②闭口袋，保持袋内液体的纯净。③操作方便，可反复利用的输液袋更好。

4. 输液量的确定

移栽大树在重建树势平衡之前都有必要输液，最终的输液量以树势平衡为准。输液量要考虑树木胸径、冠幅、树体高度、发根量、体量、移栽季节等，一般可以根据发芽情况确定是否需要继续输液。

树木输液并不是挂一次就行，要根据生长发芽情况或长势需要及时更换。对于抢救性移栽的大树，补充营养是一方面，更重要的是对水分的补充。而补水的最好方式就是输液补水，远比人工浇水有效率高。所以吊袋正确的更换方式为：1袋营养液—1袋纯净水—1袋营养液—1袋纯净水……交替使用，不仅减少了成本，而且水、营养同时补充。

5. 输液时间

一般来说，大树最佳输液时期有3个：一是大树移植断根前提前输液，储存树体水分、养分以供给树体移植后所需；二是在大树断根后不能吸取养分时立即输液维持细胞活性，促进养分吸收以达树势平衡；三是定植后细胞仍具有一定活性时及时输液，这时细胞还具有一定活性，输液维持代谢，促进伤口恢复、根系和新芽萌发。

6. 输液温度的调整

输入液体温度过高或者过低，都会影响其正常代谢。大树移栽后除了采用日常树体遮阴、喷水、喷抑制蒸腾剂等措施减少水分蒸腾外，也采用吊袋注水的方法补充树体水分，因此一定要尽量让输入液液温、气温和树体温度达到一致，对曝晒面吊袋要进行遮阴降温处理。输液瓶或输液袋尽量挂在树干北侧，高温季节输液时，输液瓶或输液袋应进行遮盖，避免瓶内液体温度上升，对树体造成不利影响。在输液过程中一定要注意，同一输液孔使用时间不宜过长（不超过15天），输液时间过长，钻注的伤口会产生愈伤组织堵塞孔口影响液流，还有些树不耐水渍，孔口容易腐烂，造成难以愈合的伤口，因此若需连续补液，要及时更换插孔，并对使用后的插孔及时进行消毒促愈合处理，输液完之后的袋子要及时取下，防止液体回流。

7. 巡视

输液期间，应加强巡视，发现液量不足时要及时补充，不能出现空袋现象。出现输液管或通水道堵塞、营养液外渗时，要及时拔掉输液管，把孔内空气用细管注水排出，然后将输液管插好，恢复输液。注意输液管不得脱离输液瓶、输液袋和输液孔。

8. 结束处理

输液结束后，立即撤除全部输液装置，必须涂抹保护剂。输液袋等输液装置应注意及时回收，可再次使用。

（七）剥芽、除萌、打梢

大树移植发芽经过一段生长期后，对萌芽能力较强的大树，应定期、分次进行剥芽、除萌、打嫩梢，切忌一次完成。留芽应根据大树生长势及树冠形态的要求进行，尽可能多地留高位的健壮芽，及时除去树干基部及中下部的萌芽，控制新梢在顶端30cm范围内发展成新树冠。对切口上萌生的丛生芽须及时剥稀。

（八）病虫害防治

大树因移植过程中经过了截根、截枝等处理，移植后树体易受病虫害侵害，应加强病虫害防治。按照"预防为主，及时治理"的方针，移植后应勤检查、细观察，定期预防，发现病虫害要及时诊断病虫害类型，并对症治疗。

■ 二、养护管理技术

养护管理是指大树移栽养护期的管理。养护期当然也包括大树抢救性移栽初期，本书所述养护期特指移栽初期结束后到管护期结束时的这段时间，主要是为了大树成活后，为提高移栽保存率而进行的养护。移栽大树成活后许多生理特征不稳定，有可能死亡，需要继续养护一段时间，待大树性能稳定、树势自然平衡后，才能进行自然生长。保存率是指移栽大树成活后养护期保存的株数比例。一般养护期为移栽初期后1~2年，如整个移栽管养期为3年，则第一个生长期（第1年）为移栽初期，后2年为养护期。

（一）浇水

大树移植成活后，应根据树种特性、季节、土壤干湿状况等适时进行浇水，每次浇水都要浇足浇透。夏季高温时浇水应在早晨或傍晚，冬季浇水应在午后进行。在春季发叶前及晚秋树木停止生长后，要浇一次发叶水及过冬水。浇水前，应先修整围堰，深度以不伤及树根为限，堰台高度为15cm左右。如果栽植时设置有排气管的，可以从排气管直接浇水至底部。见图5-4所示。

图5-4　浇水示意图

（二）施肥

大树移植成活后，应根据大树的生长状况、季节适时进行施肥。每年12月至翌年2月休眠期内，施基肥，基肥以充分腐熟的有机颗粒肥最好，每年3—8月生长期内，施追肥，追肥以复合肥最好。大树施肥，采取环状沟施法，在树冠垂直投影线缘挖宽20~40cm、深40m的环状沟，将有机肥与土拌合后回填入沟内并捣实，每株大树用肥量为10~15kg。大树施追肥时将复合肥撒施于沟内，灌水溶解，待水干后覆土整平即可。

（三）整形修剪

大树修剪应根据树种习性、季节、移植目标进行，通过修剪使大树达到树势均衡、姿态优美、花繁叶茂等目的。常绿植物的修剪，只剪除枯死枝、病虫枝、生长衰弱枝、过密枝、交叉枝、下垂枝和徒长枝等。落叶植物在渐渐落叶，进入休眠期是对其进行整形修剪的大好时机，因为休眠期修剪对树体伤害小，且修剪后伤口好愈合。剥芽、去蘖、摘心摘芽应在萌芽抽枝未木质化前剥芽、去蘖等，强度修剪应在休眠期进行。

一般大树的养护性修剪，应按照"多疏少截"的原则，修剪不宜过重，须保持其自然树形。修剪应根据不同的季节及时剥芽、去蘖，合理进行疏枝、短截、整形，随时剪除重叠枝、交叉枝、下垂枝、枯病枝、徒长枝等，保持树冠丰满，内堂通风透光。大树修剪须使用高架车，并设施工围栏。修剪时从树冠上部开始，逐渐向下进行，并清理干净修剪枝。修剪的剪口或锯口必须平滑，不劈裂。对于较大的伤口，应涂抹愈伤剂，涂抹后可有效地保护伤口、阻止病菌侵染、减少水分蒸腾、刺激树体细胞分裂，有利于树体伤口的愈合。

（四）扶正、支撑

大树移植后，在其生长发育期发生倾斜，当倾斜度大于10°时，须对其进行扶正。大树扶正应在休眠期进行，扶正前，应先疏剪部分树枝或进行短截，修剪后在大树倾斜方向和扶正方向距树干胸径6~8倍处各挖一深40~60cm的沟槽，切断新根，然后套2根拉绳于树干上段将树身拉正，在倾斜方向用土回填并夯实，调整或增加该方向支撑杆，使树体正立，去除拉绳，回填沟槽，浇透水。

（五）除草

管护期移栽塘土壤疏松，特别是围堰内土壤肥力较高，湿度较大，因此杂草丛生，需要进行除草，防止杂草争肥，以及杂草太多影响根部透气等。

（六）抗寒保暖

大树移栽成功后，要注意移栽大树的抗寒保暖。在遭受极端寒流侵袭时，仍然要使移栽大树避免发生冻害。冻害对树木威胁很大，严重时常将大树冻死，即使山野自然生长的大树，在极端天气都会出现雪灾致死的树木。大树局部受冻以后，常常引起溃疡性寄生病害，使树势大大衰弱，从而造成这类病害和冻害的恶性循环。因此预防冻害对刚移栽的大树具有重要意义。

1. 加强栽培管理，提高抗寒性

加强栽培管理，特别是生长期的管理，有利于树体内营养物质的积累。实践证明，春季加强肥水供应，合理运用排灌和施肥技术，可以促进新梢生长和叶面积增大，提高光合效能，增加营养物质的积累，保证树体健壮。生长后期控制灌水，及时排涝，适量施用磷、钾肥，勤锄深耕，可促使枝条及早结束生长，有利于组织充实，延长营养物质的积累时间，从而更好地进行抗寒。

2. 加强树体保护，减少冻害

（1）在封冻前浇足、浇透封冻水，防止冬季干旱。

（2）浇足封冻水后及时进行干基培土，培土高度根据树种特性及树体大小

而定。

（3）在9—10月份对树干进行干基涂白，涂白高度1.5～1.8m。

（4）立冬前将树干及大枝缠绕包裹保暖，外面再包上塑料薄膜，薄膜要延伸到树干基部，并把树根土球范围盖住，外围用土压实，这样既保温也保湿。

（5）全树搭建防冻网，使树体减少霜冻影响，保护树体温度。

（七）巡护管护

俗话说"三分造，七分管"，对大树移栽也一样，如果移栽后不管护，即使成活，大树也不会健康，久而久之也会死亡。

1. 管护制度健全，巡护人员到位

大树移栽不论是正常移栽还是抢救性移栽，移栽前都要制定健全的管护制度，安排专门的巡护人员。只有健全的管护制度，人员到岗，管护落到实处，才能使大树移栽达到应有的效果。

巡护人员按照管护职责，按时对移栽大树进行巡护，详细记录大树的生长状况，如发现病虫害、缺水、其他动物破坏、自然灾害等应及时采取相应措施，保护并恢复大树的正常生长。

2. 防止人畜破坏

大树移栽后，牲畜破坏是最严重的问题。牲畜进入移栽地不仅对大树进行踩踏、擦挤甚至推倒，而且牲畜还会啃食大树嫩叶，严重影响大树的生长。同时，大树移栽后也会发生人为故意破坏的情况，如移栽补偿纠纷、土地纠纷等，甚至人为蓄意破坏，均会对大树产生不可逆转的损害。

3. 管护日志

管护期间，管护人员要做好管护日志，记录大树移栽管护情况。管护日志主要内容要求有管护日期、管护人员、管护内容、用工量、物资量等，并附有相应施工照片。

如果管护中发现有不正常情况，如土壤干裂、生长不正常、树歪斜、发生病虫害、有人为破坏等不利于移栽大树生长发育的情况，应立即向项目经理汇报，及时进行管护治理。如项目组不能解决的，报请主管单位进行研究处理。

第六章 大树抢救性移栽保障措施

Chapter 6

一、实施方案的审核及审批

（一）移栽方的审核

根据移栽对象现状调查，以及移栽地的生境状况，有针对性地设计移栽技术措施，编制完成的大树抢救性移栽实施方案，经当地林草主管部门组织的专家审核后，按审核意见修改完善，并组织报批。

（二）移栽方案审批

移栽方案经专家审核通过后，及时进行修改完善。根据当地大树主管部门的相关规定，报相应的部门进行审批，办理采伐证（采挖证）或采集证，手续完备后，可以进行移栽。审批后的大树抢救性移栽实施方案作为大树抢救性移栽实施的依据，同时作为检查验收的依据。

二、移栽地的保障

大树移栽原则要求近地移栽，抢救性移栽事发突然，短时间内选择合适的移栽地点较为困难，因此对移栽地的选择是整个移栽过程的关键。在选择移栽地时，大树主管部门要大力支持，选取较近的、与大树原生地生境相似、有原生大树分布的地块为移栽地，保障移栽地的及时供给。

三、政策保障

《中华人民共和国森林法》《中华人民共和国野生动物保护法》《中华人民共和国环境保护法》《中华人民共和国森林法实施条例》《云南省天然林保护条例》

和《云南省绿化造林条例》等法律、法规为大树移栽提供了法律依据，建设单位应严格执行这些法律、法规，按照相关程序，依法报批办理相关手续，依法进行大树移栽。林草主管部门严格执行现行法律、法规，依法行政，加强监督和管理。要针对抢救性移栽的具体情况制订相应措施，保护好移栽大树，对发现有恶意破坏行为的，要坚决依法处理。

■ 四、组织保障

根据《中华人民共和国野生植物保护条例》规定，因建设项目的影响，当大树的生长受到威胁时，有关部门和单位应依法承担保护和管理的职责，因此大树抢救性移栽需要取得相关部门的支持，从组织层面得到保障。首先，抢救性移栽责任单位成立管理小组，专门负责抢救性移栽的协调、补偿、施工单位的确定等抢救性移栽准备工作，特别是对大树所有者和移栽地的补偿，关系到施工过程的顺利与否。另外，移栽过程中责任单位负责对移栽工作涉及单位如交通、路政、自然资源等相关部门的协调，争取各单位的支持也相当重要，只有得到各单位的支持，才能保证移栽时间短，移栽成功；其次，当地县、乡（镇）、村委会三级政府大力支持移栽工作，县级人民政府应明确移栽大树的相关要求以及影响大树移栽的后果等，支持大树抢救性移栽。乡（镇）应积极配合移栽责任单位落实移栽地的选择等，并协调补偿等相关事宜，派专人参与移栽工作，及时解决移栽中出现的问题。同时，村委会负责对村民进行宣传抢救性移栽的重要性和相关政策，解决移栽过程中的纠纷，保障施工单位顺利施工。

只有上下联动、全方位协调才能保证大树抢救性移栽的顺利进行，因为抢救性移时间紧、任务重，大多是突发的，没有完善的组织保障，很难达到预定目标。

■ 五、技术保障

（一）移栽施工方案的编制

移栽前必须对大树的自身树体情况以及生境进行详实的调查，近地选取生境相似的移栽地，根据大树移栽的相关技术要求，结合抢救性移栽的难点和关键点，编制详实、具体的施工方案，方案要具有可操作性和可行性，能按照方案施工，采挖、吊运、栽植、抚育、管护各工序均可操作，确保实施效果。

（二）选取专业施工队伍

责任单位选取大树移栽专业施工单位，明确具体责任。施工单位要有大树移栽经验，技术过硬，实力强。施工单位成立项目部，落实项目经理和技术负责人，加强项目科学管理。施工过程中能严格按施工方案进行施工，确保移植成效。

（三）加强质量管理

施工单位加强质量管理，对移植施工中每个移植技术环节必须指定专业工程技术人员负责监督和技术指导，每一道工序均要进行检查后方可进入下一道工序。责任单位、监理单位负责现场监督，主管单位负责加强执法管理，防止破坏大树移栽事件的发生。

（四）加强现场施工管理措施

施工单位加强施工现场管理，确保施工技术到位，不减少程序、不偷工减料，对施工人员要加强安全意识的宣传和教育、自然保护与环境保护教育，严格管理火源，强化安全第一的思想，杜绝安全事故发生，进行安全文明施工。

■ 六、资金保障

大树抢救性移栽时间短，任务重，技术含量高，责任单位或政府应有专项资金保障，确保移栽资金。资金到位后，要专款专用，不挪作他用，不得平调和截留，必须全额用于大树抢救性移栽。

■ 七、大树抢救性移栽验收、移交

（一）验收时间及内容

1. 竣工验收

大树抢救性移栽施工完成后，施工单位向实施单位提出申请进行竣工验收。由实施单位、监理单位共同组成验收组，依据实施方案进行竣工验收，检查任务量是否足额完成，施工是否规范，现场是否整洁，是否做到安全文明施工。

2. 成活验收

施工结束后，在移栽大树第一个生长季，大树发芽后，施工单位或责任单位向主管单位申请成活验收。主管单位、监理单位、责任单位以及大树移栽涉及相关部门组成验收组，到移栽地对移栽大树进行成活验收。通过到现地检查成活情况，查看成活株数，调查大树生长情况，计算成活率，成活率达到方案设计标准，成活率验收为合格。验收合格后进入保存管护期。

3. 成效验收

根据实施方案及施工合同约定的管护期进行管护，管护到期后施工单位或责任单位向主管单位申请成效验收。主管单位、监理单位、责任单位以及大树移栽涉及相关部门组成成效验收组，到移栽地对移栽大树进行成效验收。通过到现地检查大树生长情况，查看保存成活株数，计算大树抢救性移栽保存率，大树保存率达到方案设计标准，生长正常，保存率验收为合格。验收合格后移交给当地大树主管部门进行管理。

不同的大树有不同的生长特性，具体验收时间需要根据大树的特性以及当地主管部门的意见具体确定。

（二）验收标准

验收标准分三个阶段：

（1）施工竣工验收严格按经批准的实施方案执行，检查是否按方案标准施工。

（2）成活验收通过发芽情况、树根生长情况初步判断是否成活，并查算成活率。

（3）成效验收检查大树生长情况、枝叶分布均匀度、枝条疏密度、树干挺直无明显干皮损伤、倾斜度不超过10°、树干无不定萌芽滋生、无明显病虫害等，并计算大树移栽保存率。

具体验收标准由地方主管部门根据相关标准和政策执行。

（三）移交

经成效验收合格后，施工单位或责任单位向大树主管单位提出移交申请，主管单位根据成效检查验收情况，按移栽方案，办理移交手续。至此，大树抢救性移栽工程正式结束。移交后由主管单位按正常管理规定进行管护。

第七章　安全文明施工

Chapter 7

■ 一、安全施工

伴随着我国各项安全管理法规的颁布和实施，施工企业的管理制度也日趋完善，在工程施工中，安全才能生产、生产必须安全已成为施工人员必须遵守的规章制度。安全生产从以往被动地讲安全，到主动地说安全，直到今日的"安全就是效益，安全就是生产力"，完成了一个质的飞跃。工程施工是一项十分复杂的工作，特别是工程建设中大树抢救性移栽，时间短、任务重，且移栽的大多为天然野生树种，野外施工中各种不安全因素相互交错，常出现管理难度大、作业面广、劳动强度高、安全事故多等问题，其中因操作不规范、施工管理松懈等引发的安全事故较多。而这些安全事故的发生，造成的危害是无法估量的，直接影响施工效益甚至企业的生存发展。因此，生产必须安全，安全为了生产，安全就是效益，从这个意义上说，做好安全管理工作、实现安全生产才是工程施工的核心，是工程能够顺利进行的基础，是获得效益的前提和保障。因此，高度重视并加强工程施工过程中的安全管理，抓好安全管理工作是工程施工管理中的重中之重。

（一）安全施工管理目标

完善安全管理制度，建立健全安全管理制度、安全管理机构和安全责任制是安全管理的重要内容，也是实现安全生产目标管理的组织保证。安全管理最根本的任务是采取各种组织措施和技术措施，改善安全生产条件，安全第一、预防为主，实现"五无"生产——无死亡、无重伤、无坍塌、无中毒、无火灾，努力达到安全事故零发生，安全文明生产。

1. 安全达标指标

安全管理标准主要有全员安全岗位责任标准，安全教育考核标准，工伤事故调查处理标准和施工班组安全活动标准。同时也包括安全技术标准，例如：各施工技术环节操作标准、各类机械应用技术标准以及各类药剂使用标准等。安全指标达标率见表7-1。

表 7-1 施工现场安全指标达标率表

序号	项目	达标率/%	备注
1	安全管理	100	
2	施工机械使用安全	100	
3	技术操作规范	100	
4	安全措施得当	100	

2. 安全管理考核

现场施工人员、工程技术人员，必须熟悉与工程施工有关的安全规程、条例、标准、规范等各项规定，督促安全规章制度的贯彻执行。安全管理一般包括以下内容：

（1）制度管理。管理制度、会议制度、检查制度等是否健全。

（2）施工管理。施工过程是否安全达标，施工技术是否规范，制度落实情况等。

3. 考核要求

（1）根据管理制度对施工现场按优、良、合格的标准进行考评，对检出的隐患严格按规定进行整改。

（2）对不合格的施工现场和检查时存在违规操作的施工现场，责令其整顿，限期达标。在限期内仍不能达标或存在下列行为之一的要分别给予警告，暂停施工，按责惩处。

①安全生产规章制度不落实或者违章指挥、违章作业的。

②不按照方案制订的生产技术安全标准施工或采购生产资料的，存在严重事故隐患或者发生重大安全事故的。

③移栽过程中安全技术措施不落实的，发生施工事故的。

④对于伤亡事故隐患隐匿不报或者故意拖延不报的。

⑤施工中不定期检查施工现场各班组安全达标的情况，不认真总结经验，发现存在的问题但不及时解决，不及时消除安全事故隐患的。

（二）安全管理组织结构

搞好安全生产，公司领导是关键。抢救性移栽施工中建立健全安全生产组织体系，形成以施工企业领导为主体，包括项目经理、副经理、安全管理人员及施工班组在内的安全工作体系，实行网格化管理，切实发挥其效能。

1. 健全管理体系

项目安全管理是在项目期内指导项目施工安全管理工作，包括目标、方法、措施等的综合安全管理体系。

（1）根据项目施工规模及人数，设专职安全管理机构，同时配备专职安全员，加强对施工现场安全生产的管理。

（2）施工班组是项目安全生产的前沿阵地，加强施工班组安全建设是项目安全管理的基础，各施工班组要设安全员，协助班组长搞好班组安全管理工作，各班组要坚持岗位安全检查，执行安全活动制度。同时，大树抢救性移栽各施工环节环环相扣，工序衔接紧密，各施工班组协调推进、和谐施工、相互督促，上、下级沟通顺畅，施工中发生的任何情况，随时汇报、沟通，不分级别，任何施工人员之间均可以相互沟通项目施工中的任何问题。

（3）由于大树抢救性移栽的特殊性，每个施工人员均是安全员，对自身施工安全负责，同时督促身边施工人员安全施工。

2. 全生产责任人

项目经理为项目施工安全生产第一责任人，主管安全生产的副经理是项目安全施工的直接责任人。

施工班组是项目施工现场安全生产的直接责任人。

施工人员是施工安全事故的直接责任人。

（三）安全管理责任制

根据项目管理需求、甲方要求以及监理单位的规定，建立和健全施工中的各项安全管理制度，特别是安全施工责任制，从管理人员到施工人员责任明确，各负其责。保证安全施工制度的贯彻落实，使项目安全管理有条不紊地进行。

安全生产责任制，有生产就要保证安全，要把安全贯穿于生产的全过程，因此，与生产有关的任何人、任何部门都负有保证安全生产的责任。安全生产责任制是岗位责任制的一个重要组成部分，不仅是项目安全管理中最基本的制度，也是企业生存的根本。"管生产必须管安全"，明确规定项目管理人员、各类施工人员在生产活动中应负的安全职责。

（四）安全管理责任

1. 项目部安全管理责任

（1）做好项目日常安全管理工作，上报、统计发生事故，调查、取证，提出对事故责任者的处理意见，整理资料上报公司有关部门。

（2）定期对项目各班组、施工人员进行安全生产检查督促，发现问题及时向有关人员指出，及时整改，做好书面记录存档，把事故消灭在萌芽之中。

（3）总结经验教训，促进项目安全生产。

（4）制定安全管理制度，加深对安全生产重要性的认识。

（5）对违规作业的有权停止施工，做好施工人员安全教育工作，对违规施工进行罚款。

2. 项目经理安全生产责任

（1）认真贯彻执行国家有关劳动保护法令、制度和安全生产的规章制度。认真贯彻"安全第一、预防为主"的方针，按规定做好安全防范措施，把安全生产落到实处，做到讲效益必须讲安全，抓生产首先必须抓安全。

（2）项目经理是施工安全生产第一责任人，负责建立健全安全生产管理组织机构和各级安全生产责任制。按照安全生产"一岗双责"的原则，签订安全施工责任书，并组织落实。

（3）认真组织落实施工组织设计（或施工方案）中的施工安全技术措施，建立统一的"五牌一图"，现场有安全标志、色标、警示牌，做到文明施工。

（4）定期召开安全工作例会，分析施工安全的形势，解决施工中安全生产的突出问题。开展每周一次的安全教育活动，经常检查施工现场的安全管理，排查事故隐患，保证施工全过程的安全生产。

（5）安排专项资金完善安全设施，确保安全施工费用投入并有效实施。制订并实施安全生产教育和培训计划，切实加强项目施工人员的安全教育，强化大树移栽工人的安全意识，并要求所有人员购买意外伤害险。

（6）制订生产安全事故应急救援预案，并有计划地组织实施各类应急预案演练，提高移栽工人自救的安全意识。

（7）组织施工班组学习安全操作规程，并检查执行情况。教育宣传施工人员遵章守纪，正确使用安全防范设施和防护用品，负责检查特殊作业人员是否持证上岗。

（8）督促指导施工班组严格按技术规程和安全措施规范操作，制止违章指挥和冒险施工行为。切实抓好项目施工安全管理工作，严防各类安全事故发生。

（9）对现场吊车等大型机械设备，必须有技术交底和验收手续方能使用。

（10）对工地不安全隐患，通知限期整改。

（11）严格按照"四不放过"的原则，发生重大伤亡或工程事故，要保护现场，立即报告并参加事故调查处理，填表上报，落实整改措施，不得隐瞒不报、虚报或有意拖延报告，更不能擅自处理。

3. 分管安全生产副经理安全生产责任

（1）认真贯彻执行国家安全生产的方针、政策和法律、法规。在项目经理的领导下，主持日常安全生产管理工作。对项目安全生产负直接领导责任。

（2）定期向项目经理及项目负责人报告安全生产工作，负责提出有关安全工作议题。

（3）组织开展安全生产管理工作，督促检查各工组执行安全生产规章制度和操作规程情况，发现事故隐患及时整改落实。

（4）每天出工前必须组织施工人员列队检查安全装备是否到位，告知应注意的安全事项。

（5）每天收工时负责落实检查一切安全事故发生的可能性，包括工器具、技术及人身安全等。

（6）负责监督检查危险性较大部分大树移栽采挖的安全方案的落实情况，及时把安全情况汇报给项目经理，提出安全合理的技术措施。

（7）按照"平安工地"建设要求，对项目安全生产条件进行核查，组织开展自评工作，强化隐患排查及治理工作，确保移栽安全管理工作的有序进行。

（8）监督检查工程现场施工安全，抓好隐患排查和整改落实，严格落实安全责任，强化采挖人员、运输人员、栽植人员的安全责任意识。

（9）参与安全事故的调查，协助事故调查组从技术质量上分析事故原因，制订技术防范措施。按"四不放过"原则参与事故的调查及处理工作。

（10）完成项目负责人和项目经理安排的其他相关工作。

4. 安全员安全生产责任

（1）在项目经理、副经理领导下，负责监督落实施工组织设计中的安全措施，并负责向施工班组进行安全技术交底。

（2）检查施工现场安全防护措施，如采挖时地下管道（线）、脚手架安全、机械设备安全、运输线路安全、高空线路安全等是否符合安全规定和标准。施工现场有不安全隐患，应及时提出改进措施，督促实施并进行检查，对不改进的，提出处理意见，报项目经理处理。

（3）负责运输过程中大树装车是否牢固、是否出现松动等安全隐患的检查，发现问题及时进行整改。

（4）正确填报施工现场安全措施检查情况和安全生产报表，定期提出安全和生产的情况报告和意见。

（5）处理一般性的安全事故。

（6）按照规定进行工伤事故的登记、统计和分析工作。

5. 班组安全生产责任

（1）班组长和安全巡查员要经过安全培训考试合格，具备识别危险、控制事故的能力，班组成员要有"安全第一"的意识，要有"安全有我、安全为我、我为安全"的责任感。

（2）熟悉掌握大树移栽技术规程和作业标准，做到严格贯彻执行技术规程和标准。

（3）协助上级领导开好班前会，做好安全活动宣传，开展标准化作业等安全教育。

（4）做到工具设备无缺陷和隐患，安全防护装置齐全、完好、可靠，作业环境整洁良好，运输通道畅通，安全标志醒目，正确使用施工工具，坚持佩戴安全用品。

（5）班组要有考核制度，严格考核，奖罚分明。

（6）实现个人无违章、岗位无隐患、班组无事故、安全生产良好。

6. 施工人员安全生产责任

（1）严格遵守《中华人民共和国安全生产法》等相关法律、法规的规定，不得违法、违规进行任何不安全的生产活动。

（2）熟悉并掌握施工方案、技术规程、质量标准和施工工艺。按施工方案、技术要求和施工程序进行施工。

（3）时刻牢记安全施工，进入移栽施工现场，所有人员必须正确佩戴安全帽、劳动保护用品等，对自身和他人的人身、财产安全负责。

（4）对物资使用安全负责，如果涉及涉密工具、物资的，按相关规定实行。

（5）对施工技术安全负责，从采挖组到养护组，必须按施工方案要求施工，做到技术安全到位。

（6）安全事故及时处理，并积极配合伤亡事故的调查处理，做好安全事故的汇报工作。

（7）对涉密资料、器具的使用，严格按《中华人民共和国保守国家秘密法》执行，如有违反，按相关规定执行。

7. 车辆机械管理员安全生产责任

（1）做好驾驶员工作和车辆年审、年检工作，本着"安全、合理、必需"的原则，统一安排车辆保养、修理，把好车辆送修验收关，确保车辆技术状况良好。

（2）建立驾驶员维修、油耗、材耗、事故档案，定期进行考核，定期对车辆进行安全性能检查，并做好记录，对查出的问题进行彻底的整改。

（3）配合相关各方做好车辆事故的调查、分析和处理工作，不瞒报、迟报各类事故，认真执行事故处理"四不放过"原则。

（4）对公司车辆实行统一管理，按"谁驾驶、谁负责"的原则进行管理。其他机械按所有者与施工单位签订的合同约定进行，各负其责。

8. 驾驶员安全生产责任

（1）遵守《中华人民共和国道路交通安全法》，谨慎驾驶，做到不违章、不超速、不酒驾，病车不上路，杜绝各类违章行为，确保行车安全

（2）不论是专职驾驶员或是施工技术人员自驾车，一律按驾驶员工作论责。驾驶员运输及机械操作过程中的安全问题由驾驶员自己负全责，应与公司签订安全责任状或相关使用合同。

（3）熟悉和掌握车辆机械性能，开展车辆日常保养，排除车辆机械故障，保持车辆良好性能状况。

（4）按规定停放车辆机械，不无故在外乱停乱放及过夜。

（5）不私自将车辆机械转借或私用。

（6）服从车辆机械调度，抵制违章指挥；如遇身体不适或车辆机械状况不佳，应及时汇报。

（7）作息有规律，保证充足的睡眠。

（8）发生事故，应保护好现场，立即报告交警和项目部管理人员，配合相关部门对事故的调查处理。

（9）参加项目部组织的安全学习和安全活动，学习安全行车知识，总结安全行车经验。

（10）服从领导或部门负责人的其他安全管理要求。

（五）安全教育

安全教育是提高生产率的基础，也是实现安全生产的基础。通过安全教育，提高项目施工管理人员和施工人员的安全意识，搞好安全工作责任制和提高自觉性，掌握安全生产的科学知识，不断提高安全管理水平和安全操作技术水平，增强自我保护能力，预防和控制安全事故的发生。

1. 安全教育制度

为确保安全生产，大树抢救性移栽中每个项目参与者都要自觉遵守安全生产中的各项规定，需要制定安全教育常规制度。

（1）凡参与项目人员，施工前必须进行安全教育，经考核合格后方能上岗施工。

（2）挖机等特殊工种必须持证上岗，确保机械使用安全。

（3）每天早上施工出发前，统一集合，分配当天工作任务，讲解技术环节，对安全事项作要求，并检查每个施工人员安全帽等安全措施是否准备到位。每天晚上集中开会，汇报当天安全工作情况，交流施工中出现的问题，总结经验，准备第二天的工作。

2. 安全教育内容

（1）安全生产思想教育。安全思想教育是安全生产的思想基础，通常从思想认识教育和劳动纪律教育两个方面进行。

①思想认识。从项目经理到施工人员，都要从思想上充分认识项目实施的重要性，从而明白安全施工对于项目的重要性。特别是大树抢救性移栽，大多事件突发，时间紧、任务重，施工中不可预见因素太多，准备工作不是特别充分，因此更加需要重视安全生产。安全就是效益，安全就是幸福，安全才能竞争，安全才能生产。

②劳动纪律。大树移栽工作往往与当地村民打交道，施工中要懂得严格执行劳动纪律，对实现安全生产尤其重要。严格执行安全操作规程，遵守劳动纪律是贯彻安全生产方针、减少安全事故发生、保障安全生产的重要保证。

（2）安全知识教育

①所有施工人员都必须接受安全知识教育，具备安全基本知识。

②安全知识教育内容主要是项目基本概况，施工（生产）工艺、方法，施工重点和难点，施工中的危险区域和危险工序，各类不可预见因素以及根据大树移栽特点进行安全防护的基本知识和注意事项。

（3）安全技能教育

①安全技能就是结合大树移栽的专业特点，在抢救性移栽中实现技术操作规范、安全，能解决突发情况所必备的基本知识技能。

②所有参与项目的人员都要熟悉大树移栽相关专业安全技术知识。

③吊车、挖机等特殊作业人员，必须进行过专业的安全技术培训，并经考试合格，持证上岗。

（4）事故教育。在开展安全生产教育中，可以结合同类项目中的典型安全生产案例进行教育，宣传先进经验，既是教育施工人员找差距的过程，又是学先进、争先进的过程。事故教育可以从事故教训中吸取有益的东西，防止今后类似事故发生。

（5）法治教育。定期和不定期对全体职工进行遵纪守法的教育，以杜绝违法、违纪、违章作业的发生。法治教育不分场景、不分时间、不分形式进行，如吃饭过程，以聊天的形式轻松愉快地进行法治教育。

3. 安全教育的形式

安全教育不分形式，任何场合均可进行安全教育，必须做到经常化、制度化，警钟长鸣。

对采用新技术、新工艺、新设备、新材料以及有案例分析教训和安全技术先进经验等，要适时进行安全教育。根据项目实施特点进行"五抓紧"的安全教育。即

（1）工程突击赶任务，往往不注意安全，要抓紧教育。

（2）工程接近收尾时，容易忽视安全，要抓紧教育。

（3）施工条件好时，容易麻痹，要抓紧教育。

（4）季节气候变化时不安全因素多，要抓紧教育。

（5）节假日前后，思想不稳定要抓紧教育，使之做到警钟长鸣。

4. 三级安全教育

大树抢救性移栽项目部成立后，项目施工所有参与人员须接受三级安全生产教育。

（1）施工单位（企业）组织的安全教育，包括安全生产基本知识、法规、法治教育，企业规章制度，与项目实施相关的安全知识教育等。按单位组织制度由施工单位负责组织。

（2）项目部组织的安全教育。包括项目技术安全教育，项目实施现场规章制度教育和遵章守纪教育，社会劳动纪律教育。由项目经理负责组织。

（3）施工班组教育。包括施工岗位安全操作规程及班组安全制度、班组纪律教育，班组施工技术安全教育，与其他班组之间关系处理教育。由班组长负责组织。

（六）安全技术措施

1. "三宝"安全措施

（1）安全帽：安全帽的作用就是保护头部避免伤害。安全帽是由帽壳和帽衬两部分组成的，这两者共同配合，起到挡住外来冲击物并缓冲、分散外来冲击的作

用，以达到保护佩戴者安全的目的。

①凡进入施工现场的人员必须正确佩戴安全帽。

②工地安全员每天必须巡视检查，凡有不按规定正确佩戴的，按违章违纪处理，除批评教育外，还要辅以相应的罚款处理。

③按其使用期限，检验安全帽主要技术性能，不合格的坚决予以淘汰。

④戴安全帽时必须结牢下颚带，以保证不会因碰撞而碰掉安全帽或在万一坠落头部向下时，安全帽也不致脱离头部。

⑤不要摘下安全帽当垫座，以防帽壳变形，影响安全帽的缓冲性能。

⑥帽壳已有裂缝或已破坏，要及时更换。

⑦确保安全帽的规格要求：

垂直距离（即在戴帽情况下，帽衬顶端与帽壳内顶面的水平距离）规定条件测量，其值应在25～50mm。

水平距离（即在戴帽情况下，帽箍与帽壳内顶面的垂直水平距离）规定条件测量，其值应在5～20mm。

佩戴高度（即在戴帽情况下，帽箍底边至头帽顶端的垂直距离）按规定条件测量，其值应在80～90mm。

（2）安全带

①大树修剪、输液等凡在2m及2m以上高处施工作业无防护时，必须正确系好安全带。

②安全带须经有关部门检验合格后方能使用。

③安全带使用两年后，必须按规定抽验一次，对抽验不合格的，必须更换安全绳后才能使用。

④安全带应储存在干燥、通风的仓库内，不准接触高温、明火、强酸碱或尖锐的坚硬物体。

⑤安全带应高挂低用，不准将绳打结使用。

⑥安全带上的各种部件不得任意拆除，更换新绳时要注意加绳套。

（3）安全网

①安全风险高的地段施工应设置安全网或围挡。

②网绳不破损并生根牢固，绑紧，圈牢，并连接严密。

③网宽不小于2.6m，里口离墙不得大于15mm，外高内低，每隔3m设支撑，角度45°。

④安全网支设完毕后，经安全组检查验收后方能施工。

2. 施工安全管理措施

（1）施工人员之间保持安全距离。

（2）大树修枝时，树下无人畜活动及物资堆放，施工人员应保持在树枝下落的安全距离外。

（3）大树倾倒方向不得有人畜活动及物资堆放。

（4）运输车辆要与后面车辆保持安全距离，防止大树滑落。

（5）吊车下方不能有人员和物资。

（6）严禁施工人员单独进行作业，必须保持有2人以上。

（7）安全警示牌。施工现场特别是采挖现场要设置明显的安全警示标志，危险区域要有安全警示牌。

（8）围挡。采挖区域人畜活动频繁，要设置围挡，禁止无关人员进入围挡范围内。

3. 施工用电安全管理及措施

（1）施工用电安全管理

①贯彻"安全第一、预防为主"的方针，落实措施，杜绝违章操作等不安全行为。加强安全用电宣传，增强所有施工人员的用电安全知识教育，掌握触电急救的正确方法。

②经过验收合格的电气设备方能使用，对电源箱、电焊机、电锯、机械电源等加强管理。

（2）施工用电安全措施。大树移栽中用电相对较少，但对使用到的电锯等设备使用前要先检查是否安全，确保安全后方能使用。抽水泵等接入民用电源接线正确，检查是否漏电，设置漏电装置，电箱内应有漏电开关，严格做到"一机、一闸、一漏、一箱"。配电箱、开关箱安装位置要适当，周围应无杂物，以便操作，闸具要符合要求，不得有损坏，配电箱内多路配电应有标记，电箱下引出线要整齐，不得混乱，电箱应设置电箱门、锁及防雨措施。

项目部及施工现场照明专用回路应设有漏电保护，灯具金属外壳要作接零保护，室内线路及灯具安装高度应≥2.4m，要使用安全电压供电，潮湿作业要使用36V以下安全电压，使用36V安全电压照明线路不许混乱，接头处用绝缘布包裹，手持照明灯要使用36V及以下电源供电。

手持电动工具均应接有地线。电锯传动部位应有安全罩，锯片应有安全挡板设置。电焊机配线不准随地乱拉，焊把和焊线绝缘良好，机体应有防雨设备。各种机具修理和清理时必须关断电源。

（七）安全检查及整改落实

各施工班组每天班前、班后进行安全检查，发现问题及时改正，消灭事故隐患，做好预防措施。

项目部每周由安全员、施工班组长及有关人员进行一次安全检查，将检查情况整改意见做好记录，并上报项目部。

施工单位应在施工前、中、后分期对项目施工进行安全检查，将检查情况以书面形式通报。

检查中发现不安全隐患、不安全因素立即进行整改，指定整改负责人，限期改正。

（八）施工防火安全措施

防火安全管理工作认真贯彻执行"预防为主，防消结合"的消防工作方针和相关消防法规，把安全防火工作纳入日常生产。要按照"谁主管、谁负责"的原则，健全和落实层级岗位管理责任制，做到一级抓一级，层层抓落实，形成防火安全管理网络。

1. 施工临时设施防火措施

（1）临时用电。现场临时用电，沿建筑物周边架线应符合规范要求。宿舍用电线路按规范架设，在宿舍内不准使用电炉、电热器。

（2）明火管理措施。施工临时设施用火要保证安全距离，不能有火灾隐患。

2. 施工场地防火措施

大树移栽施工场地比较特殊，大多植被丰富，地面枯枝落叶较多，施工中要结合当地森林防火管理，认真执行当地森林防火措施。同时，管好火源，如果在林区进行移栽工作，严禁吸烟，不能将火源带入施工现场。其他不是林区的地方，在确保安全的情况下可以吸烟，但不能在野外有烧火取暖等使用明火的行为。

3. 消防设施

（1）项目部、施工现场要配备消防器材，如消防灭火筒，定期检查换药（标明换药时间、有效使用期）并设有防火警示牌，严禁烟火，生活区宿舍工棚附近设置足够的消防灭火筒，并设有防火警示牌及注意火种警示牌。

（2）施工现场和生活区用电，严格按照有关的用电管理规定执行，防止发生电器火灾。

（九）工伤事故处理

1. 安全承诺

项目施工要对安全事故进行承诺，一般如杜绝死亡、事故发生率在3‰以下等。

2. 安全事故处理程序

（1）善后处理：即事故抢救、现场保护、事故报告、调查、分析、经济损失程度计算、负伤者救治、受害者家属安抚工作、补偿、灾后生产生活的安置等。

（2）对事故责任者的处理和结案。根据国家相关规定执行。

（十）施工机械安全管理

（1）施工机械设备调试运转，经有关部门和专业人员进行检查，合格后方能使用。

（2）施工机械设备均应按安全操作规程操作。

（3）机械设备操作人员必须经过培训、考试合格后持证上岗。

（4）操作人员施工时精神要集中，严格执行安全操作规程，时刻注意机械运行状态，发现问题应及时排除，确保人身和设备安全。

（5）操作人员开机前应检查油、水、电、钢丝绳及各安全装置，确认其处于完好状态后方能开机，停机收工后必须清理设备，做到内外清洁。

（6）操作人员与现场设备维修人员必须按制度保养施工机械，确保设备技术状况良好，随时保持工具整洁齐全。

（7）操作人员必须做好机械台班记录，机械运转情况记录，机械交接班记录等。

■ 二、文明施工

（一）文明施工目标

建设标准化施工场地，按《建筑施工安全检查标准》（JGJ 59—99）标准达到合格以上，争创大树移栽施工模范样板。

（二）场地布置要求

（1）项目部及临时生活区布局合理，最好选择在采挖地与移栽地之间，便于移栽施工。

（2）移栽施工现场必须按照施工组织设计（方案）进行现场平面管理工作，做到布局合理。

（3）材料堆放要整齐、规范，加标识。易燃易爆物品分类隔离存放。

（4）施工现场道路要畅通，特别是运输道路要确保运输通畅。采挖、栽植等施工现场应具备洒水防尘条件。

（三）施工设施要求

（1）施工生活区与施工现场分隔开，施工现场的生产、生活临时设施（工棚）必须统一规划，做到整齐、安全、标准化。

（2）项目部办公室、机电室、宿舍、厨房、冲凉房、厕所、值班室（工棚）等必须挂牌标明，室内保持清洁。

（3）施工机械、工器具。大树移栽有挖机、吊车、平板拖车、货车、洒水车、越野车等施工机械，以及铁锹、锄头、铁铲、斧头、油锯、吊带、草绳等工器具，按施工设计合理布置进场顺序，确保进场机械设备完好，并做好维修保养。

（四）综合管理措施

通过创建文明工地，建立文明施工制度，进一步加强工程施工管理，严格操作规程，保证工程质量，防止安全事故的发生，文明施工。

1. 文明施工综合措施

项目部制定文明施工管理责任制度，落实各级人员文明施工责任，严格执行当地有关文明施工规定，使施工现场达到文明工地要求。

（1）外观形象管理。由项目经理按施工组织设计布置、实施、落实，施工场地外观整洁、协调，美观大方。

（2）现场标识管理。施工人员统一着装，戴统一颜色的安全帽，一律佩证上岗。

（3）门卫制度。项目部出入口设置门卫，负责保卫工作，设有门卫制度。加强施工现场治安保卫工作，施工现场出入口设专人把守，组织人员值班，责任落实到人。

（4）宣传教育。项目部设置宣传栏或黑板报，宣传表扬好人好事，工地显眼的地方设置横幅和文明施工安全标语。

（5）文明施工档案。项目部设有安全生产和文明施工记录档案，记录各阶段检查情况。

（6）环境卫生管理。

①项目部及临时生活区楼面要求整洁无积水；工器具堆放于指定地点且码放整齐，杂物、垃圾集中分类堆放，及时清理；室内每天清理，保持干净整洁。

②使用的餐具每餐前定时消毒，人员餐具固定，一人一具，且进餐时使用公筷。

③施工现场设专人管理，施工后立即清扫，保持施工场地不留垃圾。

④每日派专人清理宿舍，打扫周围环境卫生，严格执行"门前三包"制度，并要定期组织卫生检查评比活动。

⑤浴室、厕所每日由专人负责清洗干净，确保厕所无异味，保持周围环境卫生。

（7）施工管理

①施工操作规范，不得野蛮施工，施工中废弃物堆放在指定地点。

②施工中充分与当地村民沟通，协调与当地村民关系，任何施工人员不得与当地村民吵闹。

③如施工中出现村民阻工现象，停止施工，协商解决后再开工。

④协调班组间关系，施工中施工员之间不争吵，和睦相处，杜绝打架伤人事故发生。

⑤施工现场不允许有大小便痕迹。

⑥施工中不能随意丢弃垃圾，施工现场用餐后垃圾统一收集处理。

⑦施工中对毁损的道路进行复原。

⑧施工结束后现场干净整洁，没有任何白色垃圾等。

⑨噪声控制。离村寨较近采挖时，限制使用高噪声机械。

2. 建立检查制度

项目部成立文明施工检查制度，实行奖惩。施工前进行文明施工的学习与教育，施工后项目部每周对各班组进行文明施工检查，班组长每天检查班组人员执行文明施工情况，督促落实。施工管理人员经常性对施工场地、生活区及各班组执行文明施工进行检查、督促、落实。

项目部每周组织一次文明施工检查、评比，表扬、奖励、贯彻执行文明施工的好人好事，对现场施工管理人员、施工人员有未按规定执行文明施工的，责令限期改正，并处罚款。

第二篇

南方大树抢救性移栽技术的运用

——金沙江白鹤滩水电站淹没影响区（云南）大树抢救性移栽

金沙江白鹤滩水电站位于四川省和云南省的交界处，地处金沙江下游河段，是金沙江攀枝花—宜宾河段四级开发方案中的第二个梯级电站，上游与乌东德梯级水电站相接，下游尾水接溪洛渡梯级水电站。水电站以发电为主，兼顾防洪，并有拦沙、发展淹没区航运和改善下游通航条件等综合作用。金沙江白鹤滩水电站是中国第二大水电站，装机容量16000MW，保证出电5500MW，多年平均发电量624.43亿kW·h，坝高289m，正常蓄水位825m，多年平均年径流量1321亿m³，总库容206.27亿m³，调节库容104.36亿m³，是我国继三峡水电站、溪洛渡水电站之后又一座千万千瓦级的巨型水电站，也是"西电东送"工程的骨干电源点之一。

白鹤滩水电站于2013年正式开工建设，2021年4月下闸蓄水，2021年7月1日第一台机组发电。习近平总书记在致金沙江白鹤滩水电站首批机组投产发电的贺信中指出："白鹤滩水电站是实施'西电东送'的国家重大工程，是当今世界在建规模最大、技术难度最高的水电工程。全球单机容量最大功率百万千瓦水轮发电机组，实现了我国高端装备制造的重大突破。"2022年12月，白鹤滩水电站全部机组投产发电，标志着我国在长江之上建成世界最大清洁能源走廊，对保障长江流域防洪、发电、航运、水资源综合利用和水生态安全具有重要意义。这一重大工程也显示出我国大型水电工程建设从"中国制造"到"中国创造"的跨越。

白鹤滩水电站坝址在四川省宁南县和云南省巧家县交界处，淹没区长约182km，云南省境内涉及巧家县、会泽县、东川区、禄劝彝族苗族自治县、倘甸产业园区，四川省境内涉及宁南、会东两个县。在云南省巧家县境内淹没区范围较大，涉及5个镇，即白鹤滩镇、崇溪镇、大寨镇、金塘镇、蒙姑镇，在该范围内野生保护树种红椿、古树、有价值的大树分布较多，特别是在巧家县城周边，由于特殊的气候环境，肥沃的土壤条件，滋养了较多不同的、有价值的大树。随着白鹤滩水电站蓄水时间的临近，巧家县人民政府高度重视，为保护即将被淹没的有价值的大树，决定抢救性移栽受影响区的保护植物、古树和有价值的大树，并将抢救性移栽工作纳入库区移民工作，由巧家县林业和草原局组织实施，确保金沙江白鹤滩水电站如期蓄水发电。

第八章　安置区古树抢救性移栽

Chapter 8

一、古树抢救性移栽准备工作

白鹤滩水电站受影响安置区1#～6#地块涉及巧家县挂牌古树，全部为黄葛树，项目建设使古树失去了生存环境，需要对古树进行移栽。根据白鹤滩水电站移民安置的建设进度，2020年6月底前古树必须全部移栽完成。按黄葛树的生长特性及分布状况，需要进行反季节的抢救性移栽，由巧家移民产业投资开发有限公司负责组织实施。

（一）移栽方案的编制及审批

1. 古树基本情况

（1）古树生态学特征

①分类系统：被子植物门→双子叶植物纲→荨麻目→桑科→榕属→黄葛树（*Ficus virens*）。

②分布：国内分布于重庆、广东、海南、广西、陕西、湖北、四川、贵州、云南等地。国外分布于斯里兰卡、印度（包括安达曼群岛）、不丹、缅甸、泰国、越南、马来西亚、印度尼西亚、菲律宾、巴布亚新几内亚、所罗门群岛和澳大利亚北部均有分布。

③生物学特性：落叶大乔木，高15～20m。板根延伸达数十米外，支柱根形成树干，胸围达3～5m。叶互生；叶柄长2.5～5cm；托叶广卵形，急尖，长5～10cm；叶片纸质，长椭圆形或近披针形，长8～16cm，宽4～7cm，先端短渐尖，基部钝或圆形，全缘，基出脉3条，侧脉7～10对，网脉稍明显。叶隐头花序（榕果），花序单生或成对腋生，或3～4个簇生于已落叶的老枝上，近球形，直径5～8mm，成熟时黄色或红色；基部苞片3枚，卵圆形，细小，无总花梗；雄花、瘿花、雌花同生于一花序托内；雄花无梗，少数，着生于花序托内壁近口部，花被片4～5片，线形；雄蕊1枚，花丝短；瘿花具花被片3～4片，花柱侧生；雌花无梗，

花被片4片。瘦果微有皱纹。花、果期全年。

④生态学特征：黄葛树喜光，耐旱，耐瘠薄，有气生根，适应能力特别强。

（2）古树调查：方案编制单位对淹没影响安置区1#～6#地块涉及古树逐株进行调查，首先通过实地访问和调查，初步确定涉及有关古树的相关情况，与主管部门核对挂牌编号与档案编号是否吻合，是否为同一棵树，了解古树的背景及生长年限等。在此基础上，通过GPS定位，对古树分布的生境进行逐株调查，调查古树种类、数量、分布位置、生境、年龄、直径、树高、冠幅、小环境、生长状况、生长势、坡向、坡度、坡位、海拔、土壤类型、土层厚度、土壤质地、土壤含水量、石砾含量、pH等属性因子，并对古树进行实地拍照2～3张。

根据实地调查，白鹤滩水电站受影响安置区1#～6#地块涉及移栽古树7株，权属为集体，起源为人工，其中胸径区间60cm≤D<100cm 2株，蓄积量5.5m³；胸径区间100cm≤D<160cm 5株，蓄积量65.0m³。全部在4#与6#地块之间，各株古树均在城区，分布在原巧家县粮食仓库附近。

古树基本因子调查详见表8-1。

表 8-1 抢救性移栽古树基本因子表

村民委员会	大树序号	GPS 坐标		海拔/m	古树挂牌号	中文名	林木权属	起源	树龄	平均冠幅	树高/m	胸围/cm	胸径/cm	蓄积/m³
		X	Y											
北门社区	1	293946.7	2979529.3	875	217	黄葛树	个人	人工	105	13.0	15.0	191.5	61.0	1.9
北门社区	2	293934.6	2979426.0	860	104	黄葛树	个人	人工	150	20.9	25.5	364.2	116.0	10.7
北门社区	3	293945.7	2979406.5	860	105	黄葛树	个人	人工	147	16.0	17.0	445.9	142.0	10.4
北门社区	4	293734.1	2979713.5	858	218	黄葛树	个人	人工	110	13.3	20.0	232.4	74.0	3.6
北门社区	5	293716.8	2979570.2	851	97	黄葛树	个人	人工	370	18.2	24.0	395.6	126.0	11.7
北门社区	6	293756.6	2979546.1	851	95	黄葛树	个人	人工	370	26.9	27.0	458.4	146.0	17.4
北门社区	7	293708.5	2979517.0	850	102	黄葛树	个人	人工	110	17.0	23.0	395.6	126.0	14.8

根据实地调查，古树均处于庭院及街道路旁，海拔850～875m，光照充足，土壤类型燥红土，土层厚度均大于60cm，土壤肥力相对较好。1号古树（挂牌号217）、2号古树（挂牌号104）、6号古树（挂牌号95）、7号古树（挂牌号102）共4株古树树势良好，生长旺盛。其余3株古树树干和基部已开始腐烂，长势不健康，其中4号古树（挂牌号218）由于其他工程施工损坏了树体，根部到第一分枝有1/3的树体损伤；5号古树（挂牌号97）受大型机械碾压受伤，且根部受火烧致残，导致树体、树冠部分枯竭；3号古树（挂牌号105）因自然衰竭导致半边树体死亡，部

分已炭化。

古树根部地面土壤板结，或地表为水泥地面，表面下20cm左右瓦砾等杂质较多，且部分古树前期受自然和人为因素影响，基部已开始腐烂，采挖难度大。移栽古树原生地在城区，交通运输条件较好，但古树树体庞大，部分道路宽度以及路旁行道树对古树的运输有一定的影响。古树移栽前照片见图8-1。

图 8-1　古树移栽前现状图

2. 移栽地的选择

根据近地移栽原则，选择与移栽古树原生地生境相似的地方作为移栽地。由于移栽古树原生地在巧家县城，考虑到古树的景观效果，根据主管单位提供的地块，移栽地定为两处，一是在金沙酒店绿化区，二是在思源中学后山经济林基地路旁。两块移栽地离古树原生地较近，生境相同，既便于管护，也起到了良好的景观效果。其中6号移至金沙酒店，1号、2号、3号、4号、5号、7号移至思源中学后山。

两处移栽地交通条件均较好，现有柏油路通达，手机信号全覆盖，交通、通信条件良好。6号栽种于平地，其他为缓坡，海拔850～1050m，坡向为南坡，土壤均为燥红土，土层厚度≥60cm，立地条件和水湿条件良好。移栽地在金沙江河岸，水热气候条件、土壤类型等主要影响古树生长的环境因子与原生分布生境相同或相似。移栽地示意见图8-2所示。

图 8-2 移栽地现状示意图

3. 移栽方案编制

根据古树调查现状，以及移栽地的环境状况，编制单位有针对性地设计了移栽技术，从修剪、采挖到养护管理，编制完成了符合实际、可操作性强的抢救性移栽方案，方案经专家评审后实施。

4. 移栽方案审批

抢救性移栽方案经专家评审通过后，及时进行修改完善，由巧家县林业和草原局审批办理了移栽（采挖）手续，立即进行移栽。

（二）施工组织准备

1. 施工单位的选取

巧家移民产业投资开发有限公司通过购买服务，选取云南海邻劳务服务有限公司作为施工单位进行施工。该公司队伍健全、专业性强、施工经验丰富，在众多投标单位中脱颖而出。

2. 施工组织

2020年5月26日，云南海邻劳务服务有限公司成立项目组开展工作。由于本次古树抢救性移栽任务量不大，只是时间短，因此项目部由项目经理、移植组、运输组、后勤组组成，组织结构图如图8-3所示。

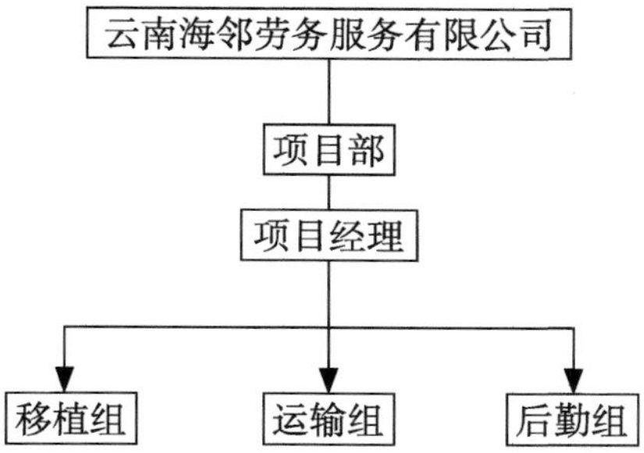

图 8-3　组织结构示意图

3. 机构部门职能

（1）项目经理全权负责工程施工生产，代表公司协调与业主及管理单位的关系；负责整个移栽过程的调控和技术措施的把控；负责施工生产计划的编制，掌握各施工班组的施工和进度情况，分析影响进度的因素，提出整改措施；主持项目部的会议；定期向公司负责人汇报工作；主持事故调查工作；合理安排工程项目的人、财、物等各种生产要素；对项目实施成果负责。

（2）移植组负责移栽的主要技术工作，从修剪到采挖，以及栽植、管护等，制订采挖、栽植、管护计划。

（3）运输组负责古树的起吊、运输和下卸，确保吊装运输安全，树体不被损伤。

（4）后勤组负责施工中各方的协调，保障项目部的日常生活；负责与各个部门的沟通和协调，保障古树运输畅通等；负责项目的对外联络、综合安全文明施工；负责施工人员生活、材料用品的采购和机械设备的租赁、用车管理；负责施工安全，确保不发生任何安全事故；根据工程进展情况，合理配备、协调施工机械，加强机械管理及维修，使其始终处于安全完善状态。

4. 技术交底

云南海邻劳务服务有限公司（施工方）与组织单位商讨沟通后，签订了施工合同，并进行了技术交底。施工方对移栽的7株古树进行深入的调查，一树一策，制订采挖措施。对移栽地点进行确认，制订栽植方式和方法。

5. 技术培训

项目部所有人员全员参加技术培训，由项目经理组织，讲解每一个环节要求，所有人员全面掌握古树抢救性移栽的技术要求后，方可参加项目施工。

（三）施工物资准备

1. 施工物资准备

本次准备的施工物资详见表8-2、表8-3。

表 8-2　古树抢救性移栽施工机械准备清单表

编号	名称	配备数量	计划进场时间	计划出场时间
1	挖机	2台	2020-12-17	2021-03-20
2	挖机	2台	2020-12-16	2021-03-20
3	吊车	4台	2020-12-16	2021-03-20
4	水车	1台	2020-12-17	2021-03-20
5	皮卡车	1台	2020-12-17	2021-03-20
6	越野车	1台	2020-12-17	2021-03-20
7	越野车	1台	2020-12-17	2021-03-20
8	拖车	1台	2020-12-17	2021-03-20

表 8-3　古树抢救性移栽施工材料准备清单表

编号	名称	配备数量	计划进场时间	备注
1	油锯	20台	2020-12-17	
2	电钻	20把	2020-12-17	
3	硬吊带	15条	2020-12-17	
4	软吊带	100条	2020-12-17	
5	打包带	200m	2020-12-17	
6	草绳	400m	2020-12-17	
7	国光牌伤口愈合剂	80瓶	2020-12-17	
8	国光牌生根剂	100瓶	2020-12-17	
9	输液袋	40套	2020-12-17	
10	玻璃胶枪	5支	2020-12-17	
11	挖树铲刀	7把	2020-12-17	
12	锄头	20把	2020-12-17	
13	钉子	2件	2020-12-17	

续表 8-3

编号	名称	配备数量	计划进场时间	备注
14	钉子	5 件	2020-12-17	
15	木条	80m	2020-12-17	
16	遮阴网	50m²	2020-12-17	

2. 劳动安全用品准备

劳动安全用品包括安全帽、防护服、防护鞋以及必需的医药用品。

（四）运输线路准备

本次移栽古树原生地位于城区，两块移栽地距离较近，且交通便利，但均需要通过城区，运输需要避开交通高峰期，且与交管、运政部门协调，保证运输畅通。运输线路为两条，一是从古树原生地起运，通过红卫街、堂琅大道、步行街、小莲线至金沙酒店；二是从古树原生地起运，通过红卫街、堂琅大道、明德中学、水泥厂、石旱线、思源中学至移栽地。施工前，项目部与建设单位、交通、市政、公用、电信等有关部门进行了充分沟通、协调，办理运输过程中的必要手续，确保了运输畅通。

■ 二、古树抢救性移栽

（一）移栽地的准备

1. 栽植穴

根据移栽古树的生长状况，结合移栽地的实际情况，本次古树移栽全部采用浅坑堆栽法移栽古树。放线定点后开始挖穴，挖穴深度为移栽古树所带土球的1/3～2/3，直径比所带土球直径大约50cm。施工中根据7株古树土球的大小、树体大小、树冠修剪程度不同而定，原则是只要能让古树达到一定的稳固，不倒即可。所挖坑穴大小比对应古树土球大50cm左右，穴面平整，穴底土质松软，保持一定回填土。

开挖栽植穴以小型挖机为主、人工为辅进行，小型挖机挖出坑穴后，人工进行整饰，在古树运输至坑穴旁时，根据土球的大小再进行修整。栽植穴见图8-4所示。

图 8-4　金沙酒店栽植穴现场图

2. 堆土

因为所挖坑穴较浅，沿大树土球堆土较多，因此需要准备较多堆土。堆土是土壤肥力较高，经过改良、消毒的疏松土壤，最好为沙质土。堆土放置在离穴1m以内，最好在坑穴四周，便于堆土。土壤消毒采用二氧化氯消毒剂。

3. 支撑杆

因为坑穴较浅，树体容易倾斜，堆栽时需要进行支撑。本次采用粗木棍进行支撑，根据树体大小采用多角桩支撑。

4. 供水

金沙酒店6号古树所需水源使用酒店绿化用水，坑穴旁3m处有取水点，采用软管直接连接浇水。其他6株移栽地有100m³水池，栽植及后期管护均采用水车在水池取水后运至坑穴旁进行浇水。

（二）古树的修剪

移栽古树黄葛树树体高大，萌发能力强，全部移栽在景观绿化区域，为保持树冠的基本构架，保留原生美学价值，达到景观绿化的要求，古树抢救性移栽中修剪采用了截枝式修剪，修剪时保留树冠的一级或二级分枝，将既达不到树冠整体景观效果，蒸腾面又大又影响运输的枝条全部截除。

修剪时对每株古树进行全方位调查、摄像，从不同角度选择修剪方式和强度，制订修剪方案，画修剪示意图，确定最佳修剪方案后进行修剪。修剪后喷洒蒸腾抑制剂，准备开始采挖土球。修剪方案示意图见图8-5所示。

1号	2号	3号

4号	5号	6号	7号

图8-5　古树修剪方案示意图

（三）古树树干保护

采挖前清理树干基部，把堆弃在树干根部的瓦砾等杂物清理干净，然后从树体根部至主干2m左右进行保护，同时对树干上部或主侧枝在起吊时需要着力位置同样进行保护，长度为50cm左右。保护时采用草绳缠绕树体，然后在草绳周围钉上长方形小木板，固定草绳的同时，在起吊及机械推倒树体时有较大的缓冲作用，不易损伤树体。详见图8-6所示。

图8-6　树干保护图

（四）古树的采挖及土球包扎

根据移栽黄葛树特性、大小、树木年龄、土壤条件、经济条件等综合考虑，土球直径为古树胸径的5倍，土球的高度为土球直径的2/3。采挖时为了减轻土球重量，先铲除树根周围的浮土、瓦砾等杂物，以树干为中心，比规定土球大3~5cm画一圆圈，并顺着此圆圈往外挖沟，沟宽70cm，深度以到土球所要求的高度为止。采挖中修整土球采用锋利的铁锹，遇到较粗的树根时，则用锯或剪将根切断。当土球修整到1/2深度时，逐步向里收底，缩小到土球直径的1/3为止，然后将土球表面修整平滑，下部修一小平底。在挖掘时应尽量保证主根的长度与土球的完整性，以提高移栽成活率。

在古树起挖过程中，将古树的老根、烂根进行修剪，修剪后的伤口进行消毒并涂保护剂，防止伤口腐烂，促进愈合。如侧根保护完整，主根可尽量缩短，死根全部去除，切口应平整。

本次古树移栽全部采用软材料包装土球，软材料为专用包装绳和草绳，为保证土球完整，古树采挖过程中边挖、边修剪、边包扎。具体操作如下：在土球挖至2/3深时，将土球上部修成干基中心略高、边缘渐低的凸镜状，把湿润过的草绳理顺，于土球中部缠腰绳，2人合作边拉、边缠、边敲打绳索使其嵌入土球，使每圈草绳紧靠，总宽达土球高的1/4~1/3（约20cm）时系牢即可。在土球底部向下挖一圈沟并向内铲去土壤，直至留下1/4~1/5的心土，同时对多余根系进行修剪，遇到粗根应掏空土后锯断。修剪后将草绳一头系在树干上（或腰绳上），经土球底沿绕过对面，向上约于球面一半处经树干折回，顺同一方向按一定间隔（疏密视土质而定）缠绕至满球。然后再绕第二遍，与第一遍的每道草绳于肩沿处的包扎绳整齐相压，至满球后系牢。再于内腰绳的稍下部捆外腰绳，而后将内、外腰绳呈锯齿状穿连绑紧。最后在计划将树推倒的方向沿土球外沿挖一道弧形沟，并将树轻轻推倒，这样树干不会碰到穴沿而损伤。

包扎前对断根或无效根系进行修剪，修剪时伤口平整，用国光牌伤口愈合剂涂抹伤口，保护伤口不被感染，然后再进行包扎。移栽中对土球的包扎采用白色包装绳和草绳，土球保存不完整的，再用白色透明塑料膜包裹。古树采挖、包扎见图8-7所示。

采挖、修剪

土球包扎

吊装

放倒树体

图 8-7　采挖施工现场图

（五）古树的吊运

古树采挖放倒后，处理完伤口，检查土球包扎是否完好，进行起吊装车。由于古树树体较大，采用水平起吊进行装车，起吊时树干着力点缠绕草绳后钉木板，操作仔细，运行缓慢，轻起轻放，起吊时树梢截枝端装有牵引绳，以保持树体平衡。

运输所选用车辆为东风50t拖车，装车前在车尾固定横梁，车厢底部铺上草垫、轮胎、棉絮等软物，再进行装车。装车时每次装一株，土球在车头方向，靠近车头厢板。古树放落车厢后，用软绳将树体固定牢固，空隙处垫软物，以不损伤树体、装车稳固、不掉落为宜。如果装车不牢固，不仅会使树体受到损伤，而且运输中极易发生安全事故。同时，装车要根据运输道路安排树体在车厢内的放置方向，高处不能碰触道路上方固定物。

确定吊装稳固后，按照既定线路运输。运输前核对古树编号与相应移栽地坑穴是否对应，坚决杜绝古树与栽植坑穴不对应。如果不对应，不仅浪费运输时间，还拖长了古树栽植时间，大大降低了古树移栽成活率。每次运输至少6人护车，并配备油锯、锄头、长竹竿、草绳等，起运后途中如遇临时物体阻碍树冠枝杆，先行移除临时阻碍物，待车辆通行后复原。如有固定障碍物又不能拆除的情况，根据实际阻碍尺寸，锯除少量枝杆，以能通过为宜，如又不能去掉枝杆又不能移除障碍物的，则重新选择运输道路。运输时运输车辆前面应有监视车辆，确保道路畅通，安全通行。

挖机、吊车、运输拖车均是经有关部门年审合格，并按照机械出厂使用说明书规定的技术性能、承载能力和使用条件正确操作、合理使用的。驾驶员必须持证上岗，起吊时应有专人指挥、专人负责所需工具、吊具、吊带的检查，吊带强度应满足起吊树体重量许可的安全要求，并按规定检验合格。

运输前项目部已与巧家县交通、运政等各部门进行了沟通与协调，确保运输道路畅通，必要时由交管部门进行疏导，确保运输顺利。在运输过程中，对运输车辆触及树杆的部位都特别加以了保护，避免树皮和韧皮部受伤，同时控制运输速度，减少了由于车辆颠簸对树体所造成的不必要损伤。吊运现场详见图8-8所示。

吊装　　　　　　　　　　运输　　　　　　　　　临时障碍物

图 8-8　吊运施工现场图

（六）古树下卸

古树运输到移栽地后立即卸车。卸车根据移栽坑穴的位置，选择不同吨位的吊车进行下卸，起吊过程要求平稳，以确保树体不受损伤，土球不破裂。

古树下卸采用了水平起吊，当古树重量较大时，可以选择大吨位吊车，也可以选择多台吊车进行水平起吊，选用多台吊车可以更为灵活地掌控古树土球和树干顶端的水平摆动和垂直起落。古树被缓缓吊起离开车厢时，应将运输车辆立即开走，再将土球徐徐往下放，土球准备落地处平整，无硬物，落地后如土球不稳，用木棍顶住土球滚落的一边，以防土球滑动，逐渐松动土球吊绳，使古树平缓放置。

本次7株古树抢救性移栽为反季节移栽，古树处于生长活跃期，下卸栽植中间间隔时间不宜过长。为避免二次搬运，使起挖到栽植间隔时间最短，古树抢救性移栽中即下即栽。下卸时吊起大树土球落放在栽植穴旁，既减少了工序、节约了时间，又保证了古树的成活率。古树平吊出车厢后，使土球在坑穴上方，然后收紧树干吊带，慢慢下放土球吊带，使树体倾斜，再慢慢下放树干吊带，土球端下沉，土球轻落在坑穴旁边。待土球稳固后稳住树干吊带，进行根系二次修剪，消毒、伤口处理后入穴栽植。

以6号古树为例，运输到栽植地后，根据栽植地特殊情况，考虑栽植在金沙酒店院墙内，栽植点与公路间有2.5m高的围墙，下卸时要使土球落在坑穴旁，同时下卸过程中不能损坏围墙，也不能使树干受到损伤，因此，为了更好地掌控古树的下卸，采用了3台吊车，50t的2台，35t的1台，由2台50t的吊车起吊控制土球，35t的吊车吊树干，控制树干高度及水平幅度，缓慢起吊，平稳行进，土球进入院墙后待土球处于坑穴上方时，缓缓下放土球吊带，稳住树干吊带，使土球平稳落放于坑穴旁20cm处，吊车保持不动，树体平稳。6号古树下卸见图8-9所示。

水平起吊　　　　　　　　　　土球端下沉　　　　　　　　　　平稳下卸

图8-9　6号古树下卸现场图

（七）古树栽植

本次古树抢救性移栽时间为2020年6月，根据黄葛树的生长特性，此时正处于黄葛树生长活跃期，移栽为反季节移栽，树体蒸腾量较大，不仅整个移栽工作时间紧迫，而且在古树起挖到栽植的时间间隔要求越短越好。根据移栽地的实际情况，结合移栽古树树龄大、部分根部受损的自身条件，此次移栽全部采用浅坑堆栽的方法，不易积水，堆土理化性质好，肥力较高，透气性较好，且工作简便，更有利于古树的成活、生长发育。

1. 堆土准备

浅坑堆栽所挖坑穴较浅，沿古树土球堆土较多，因此在古树运输前需要准备较多堆土。本次古树随着坑穴的开挖，同时准备了土壤肥力较高、消毒处理的疏松土壤，并用二氧化氯消毒剂进行了消毒，堆放在离穴1m以内作为堆土。

2. 拆除土球包扎物

古树下卸后，拆除土球包扎物。拆除土球包扎物时，起吊树干机械不能松懈，保证施工安全，不能二次损伤树体，也避免发生安全事故。

3. 二次修剪

古树土球包扎物拆除后，立即进行根系二次修剪，对损伤的断根、露出土球的多余细根进行二次修剪，修剪时剪口要平整。

4. 伤口处理、消毒

对剪口和树体的损伤部位，要进行处理，处理前要进行消毒。本次伤口处理全部采用国光牌消毒杀菌剂和伤口愈合剂。

根部入穴与新土壤密切接触，容易造成感染，影响成活，在栽植时对栽植穴及回填土进行消毒。

5. 入穴回填

伤口处理后即启动吊车，慢慢将土球调入坑穴，当土球入穴后起吊树干吊带，使树体慢慢立起，树干直立。根据古树标记原生方向，慢慢转动树体，使古树的正北向与树上标注的方向一致，然后稳住吊带，使大树立于坑穴中心，并保持树体正立，树干与根在同一垂直线上。

古树方位摆正直立后，人工回填土。回填时夯实土球与坑穴之间的缝隙，以达到不让树体旋转移位的目的，施工中注意避免因树体移位二次起吊、栽植损伤树体。回填土快接近穴面时（约10cm），第一次浇透定根水，然后再回填与坑穴齐平。

6. 支撑

古树回填土与坑穴齐平后，用准备好的支撑杆支撑树体，根据大树树形采用多角桩支撑，支撑杆应埋入地下30cm。在回填、支撑过程中，树干吊带始终保持起吊平稳状态，保持树体直立，待支撑完成后慢松吊带，如树体不倾斜，则可平稳吊带，如果树体倾斜，则起动吊带，重新扶正树体，夯实回填土，支撑树体。

7. 堆土

回填土与坑穴齐平后，采用机械辅助人工跟进堆土，沿土球呈环状渐进倾斜堆土，边堆边夯实，使堆土与土球充分接触融合。堆土时在地平面土球外缘40~60cm（金沙酒店6号古树60cm，其他45cm）处，渐进倾斜堆土至与土球齐平，然后以树干为中心环状堆土高20cm左右，堆土厚度以堆土完成后使堆土斜面大致呈45°坡面为宜。堆土要夯实，不能坍塌或浇水冲刷流失，必要时可以在堆土上覆盖可降解的生态毯，或用草坪铺于堆土表面，保温、保湿、保土。金沙酒店6号古树堆土完成后，表面覆盖挖穴时取出的草坪，既美观又保湿、保温。

8. 围堰

堆土完成后，在堆土上平台边缘用石块或硬土砌15cm厚的堰台，围绕树干形成环形浇水堰槽，用于二次浇定根水和后期管护浇水。

9. 浇水

围堰完成后，进行第二次浇定根水。二次定根水浇灌力度不宜过大，以漫浸为主，如果浇灌力度过大则将冲毁堰台、冲塌堆土，不仅会造成堆土工作返工，而且会造成小范围的水土流失。二次定根水浇透土壤即可。古树浅坑堆栽部分施工图如图8-10所示。

入穴正立　　　　　　　　　　渐进堆土

围堰　　　　　　　　　　堆土坡面覆盖草皮

图8-10　浅坑堆栽施工现场图

■ 三、施工管理

（一）管理制度

施工前准备工作阶段，对施工中各个环节制定了详细管理制度，包括人员组织管理、安全管理、技术管理和进度管理等。

1. 人员管理制度

按人员组织结构及机构部门职能，分层进行管理，每一层都根据自己的部门职能恪尽职守。同时，施工班组协调推进、和谐施工、相互督促，上下级沟通顺畅。施工中发生的任何情况，随时汇报、沟通，不分级别，任何施工人员之间均可以相互沟通项目施工中的任何问题。

2. 安全管理制度

安全管理制度包括施工安全、车辆安全、物资安全等。

（1）施工安全管理

①严格遵守《中华人民共和国安全生产法》等相关法律、法规的规定，施工时贯彻执行国家的安全生产方针、政策，按施工组织设计的安全措施进行施工。

②项目经理是安全生产第一责任人，对施工安全负全面责任。及时解决安全生产过程中出现的重大安全问题，掌握建设项目安全生产动态，接受上级安全监管部门的监督。

③古树全部在城市人员活动频繁区域，采挖时应设置明显警戒线，并设置围挡，有专人守护，防止施工对其他人员造成意外伤害。

④时刻牢记安全施工，进入移栽施工现场，所有人员必须正确佩戴安全帽、劳动保护用品等，施工人员之间保持一定的安全距离，对自身和他人的人身财产安全负责。

⑤对施工技术安全。从采挖组到养护组，必须按施工方案要求施工，做到技术安全到位。

⑥发现生产安全事故，迅速报告，做到安全事故及时处理，并积极配合伤亡事故的调查处理，做好安全事故的汇报工作。

⑦每天出工前必须组织施工人员列队检查安全装备是否到位，告之应注意的安全事项；晚上收工时负责检查当天安全施工情况，包括工器具、技术及人身安全等。

（2）车辆机械安全管理

①严格遵守交通法规、杜绝各类违章行为，确保行车安全。

②做好驾驶员和车辆年审、年检，本着"安全、合理、必须"的原则，统一安排车辆保养、修理，把好车辆送修验收关，确保车辆技术状况良好。

③建立驾驶员维修、油耗、事故等档案，定期进行考核，定期对车辆进行安全性能检查，并做好记录，对查出的问题进行彻底的整改。

④驾驶员运输及机械操作过程中的安全问题由驾驶员自己负全责，应与公司签订安全责任状或相关使用合同。

⑤配合相关各方做好车辆事故的调查、分析和处理工作，不瞒报、迟报各类事故，认真执行事故处理"四不放过"原则。

（3）驾驶员安全管理

①不论是专职驾驶员或是施工人员自驾车，一律按驾驶员工作守则论责。

②遵守《中华人民共和国道路交通安全法》，谨慎驾驶，做到不违章、不超速、不酒驾。

③熟悉和掌握车辆机械性能，开展车辆日常保养，排除车辆机械故障，保持车辆良好性能状况，病车不上路。

④按规定停放车辆机械，不无故在外乱停放及过夜。

⑤不私自将车辆机械转借或私用。

⑥服从车辆机械调度，抵制违章指挥；如遇身体不适或车辆机械状况不佳，应及时汇报。

⑦作息有规律，保证充足的睡眠。

⑧发生事故时，应保护好现场，立即报告交警和项目部管理人员，配合相关部门对事故的调查处理。

⑨参加项目部组织的安全学习和安全活动；学习安全行车知识，总结安全行车经验。

⑩服从领导或部门负责人的其他安全管理要求。

（4）物资安全管理

①施工所用物资统一堆放在指定仓库，使用药剂密封存放。

②物资由仓库管理员专门看管，领取或归还物资进行登记。

③物资购买根据移栽需要，由项目经理按计划采购。

3. 技术和进度管理制度

（1）技术管理制度

①施工前编制施工组织设计，对施工人员进行培训。

②施工操作规范。施工中随时对各施工班组进行检查，发现技术不规范的及时纠正，按要求施工。

③各施工班组要求组长每天做好施工日志，第二天早上交给项目经理，定期总结反馈。

（2）进度管理制度。古树抢救性移栽，时间紧、任务重，进度管理尤为重要。抢救性移栽施工期共30天，2020年5月28日，云南海邻劳务服务有限公司接到巧家移民产业投资开发有限公司委托后，立即开展准备工作，于2020年6月1日正式开始施工，至2020年6月30日前必须完成施工。

施工前制订了详细、科学的进度计划，根据时间要求，排出每株古树移栽的时间进度表，严格按施工进度进行实施。施工进度计划表见图8-11。

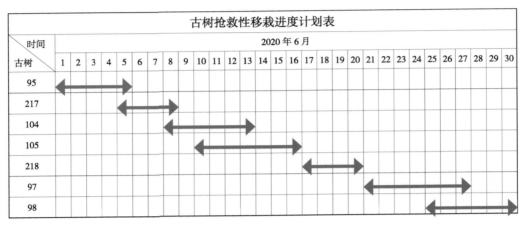

图 8-11　古树抢救性移栽进度计划表

（二）实施管理

有完善的管理制度，还必须要在施工中落到实处，古树抢救性移栽中主要从以下几方面进行管理。

（1）提高认识。项目实施前，组织所有施工人员进行宣传培训，讲解本次古树移栽的重要性和必要性，使每个施工人员充分发挥主人公责任感。受影响区古树的移栽者也是白鹤滩水电站工程建设的参与者，需主动负责，积极保护古树。

（2）时时监管。施工过程中，项目经理亲自到施工现场，负责监管。同时各施工组组长对该组的施工时时把控，发现有操作不规范的立即停止整改，确保施工既安全又符合技术规范，保证移栽成活。

（3）每天两会。施工每天早上出发前，统一集合，分配讲解当天工作任务、技术环节、注意事项，并检查每个施工人员安全帽等安全措施是否准备到位。

每天晚上集中开会，汇报当天工作，交流施工中出现的情况，总结经验，准备第二天的工作。

四、古树管护

（一）管护组织情况

1. 管护时间

（1）管护期限：本次古树抢救性移栽管护期为1年。

（2）管护时间：从2020年7月1日全面完成施工起，至2021年6月30日止。

2. 管护人员组织

管护由云南海邻劳务服务有限公司副总经理杨仕林任组长，施工总指挥熊昌荣任技术顾问，组成5人管护小组，对移栽古树进行管护。

（二）古树管护

1. 浇水

古树抢救性移栽，尽管土球比较大，但根系外缘的吸收根失去较多，再生能力差，新根生长慢，吸收能力难以恢复，而树体庞大，移栽时正处于古树生长旺盛期，树体存在大量蒸腾，打破了树势平衡。同时，浅坑堆栽蓄水能力相对较弱，加上移栽地气候炎热，移栽后需要较大水量。因此，除栽植时应浇透定根水外，每周沿堰槽浇水，浇透浇足，向树干、树冠喷洒水分，保持树体水分平衡。浇水时勤观察，雨水天土壤湿润不浇水，堆土干燥则及时浇水。浇水见图8-12所示。

2. 输液

古树移栽后根系吸收功能差，根系吸收的水分和营养不能满足树体蒸腾和生长的需要，施工中采用输液方法补充树体营养。本次古树移栽中全部采用国光牌营养液进行输液。输液见图8-13所示。

图 8-12　浇水

图 8-13　输液

3. 搭建遮阴网

古树移栽后，为减少树体蒸腾，同时也可为古树冬季防寒保暖，搭建了遮阴网遮蔽树冠。遮阴网可搭建成正方形或圆形，保证树冠全部被遮蔽，同时树冠四周有一定的空间，使网内空气流动，有利于发芽。如果移栽地海拔相对较高，树冠较小，可直接将网搭于树冠（干）上，下端用细绳系紧。遮阴网见图8-14所示。

4. 抹芽打梢

黄葛树萌芽能力较强，在移栽第一个生长期，一、二级主枝等会萌发众多嫩芽嫩梢。为保证古树的营养及生长形状，如果嫩枝芽较密，需要根据发芽的位置进行判断，抹去不利于古树成形和生长的多余嫩芽、嫩梢。留芽根据古树生长势及树冠形态的要求进行，尽可能多地留高位的健壮芽，及时除去树干中下部及切口上萌生的丛生芽，让树冠内通透敞亮。抹芽打梢见图8-15所示。

图 8-14　遮阴网　　　　　　　　　　图 8-15　抹芽打梢

5. 除草

管护期移栽塘土壤疏松，特别是围堰内土壤肥力较高，湿度较大，因此杂草丛生，需要进行除草，防止杂草争肥，以及杂草太多影响根部透气等。

6. 围堰修复

浇水会导致围堰坍塌，有时甚至冲平围堰，需要定期修复围堰。围堰修复见图8-16所示。

7. 病虫害防治

时时观察移栽古树的病虫害情况，刚长出的新叶容易受虫害影响，也会出现叶枯病等，需要对移栽古树进行病虫害的防治。常见病虫害有炭疽病、榕透翅毒蛾等。病虫害防治见图8-17所示。

图8-16　围堰修复

图8-17　病虫害防治

8. 巡护管养

（1）管护制度健全，巡护人员到位。移栽前制定了健全的巡护管养制度，安排专门的巡护人员。古树移栽后设立了5人制的专门管护组，在一年的管护期内对移栽古树进行养护，并做好记录，形成管护报告。

（2）防止人畜破坏。古树移栽后人畜破坏是最严重的问题。本次移栽多在交通极为方便的地段，牲畜进入移栽地会对古树进行擦挤甚至撞倒古树，严重影响其生长。同时，移栽后也会发生人为破坏的情况，如移栽土地纠纷、其他工程建设等，均会对古树产生不可逆转的损失。因此安排专人进行巡护，每周至少巡查2次。如果管护中发现有不正常的情况，如土壤干裂、生长不正常、树歪斜、发生病虫害、有人为破坏等不利于古树生长发育的情况，应立即向项目经理汇报，及时进行管护治理。如项目组不能解决的，报请主管单位进行研究处理。

（三）管护日志

管护期间，做好管护日志，记录管护施工情况。管护日志的主要内容要求有管护日期、管护人员、管护内容、用工量等，并附有相应施工照片。管护日志示例如下：

日期：2020 年 8 月 15—16 日　　天气：晴		
项目名称：金沙江白鹤滩水电站受影响安置区古树抢救性移栽管护		
管护员	管护内容	工时（个）
梁小胖、石开源、杨康	浇水、病虫害防治等	6
浇水	检查发芽情况	病虫害防治

■ 五、验收、移交

（一）验收

1. 竣工验收

2020年7月2日，施工单位向巧家移民产业投资开发有限公司提出工程竣工验收申请；2020年7月10日，巧家移民产业投资开发有限公司组织工程竣工验收。经验收，施工单位严格按施工方案及施工组织设计进行施工，技术标准，操作规范，实际移栽7株。竣工验收合格。

2. 成活验收

本次古树移栽为黄葛树反季节移栽，移栽时间为黄葛树生长季，移栽后黄葛树即发芽。2020年10月10日，施工单位向巧家移民产业投资开发有限公司提出古树成活验收申请，2020年10月20日巧家移民产业投资开发有限公司主持成活验收，验收组到现地通过检查成活情况，查看成活株数，古树生长正常，长势良好，已全部成活，存活率为100%，验收为合格，达到施工方案设计的移栽要求。成活验收情况见图8-18所示。

图8-18　成活验收图

3. 成效验收

管护期结束以后，2021年7月5日，施工单位配合巧家移民产业投资开发有限公司向巧家县林业和草原局提出影响区古树移栽管护成效、移交验收申请，巧家县林业和草原局于2021年7月10日主持成效保存验收。经验收组实地检查验收，古树经1年的管护，长势优良，生长旺盛，移栽株数保存率100%，成效验收为优秀。成效验收现场见图8-19所示。

图8-19 成效保存验收现场图

（二）移交

经成效验收合格后，巧家移民产业投资开发有限公司向巧家县林业和草原局提出移交申请，巧家县林业和草原局根据成效检查验收情况，按移栽方案，同意移交，办理了移交手续。至此，白鹤滩水电站受影响安置区古树抢救性移栽工程正式结束。移交时古树成活现状见图8-20所示。

1号，挂牌217号

2号，挂牌104号

3号，挂牌105号

4号，挂牌218号

5号，挂牌97号

6号，挂牌95号

7号，挂牌102号

巧家县棚户区改造1#～6#地块受影响古树移栽养护期满移交验收情况

根据巧家移民产业投资开发有限公司《古树移栽授权委托书》及《古树移栽施工合同》，云南海邻劳务服务有限公司于2020年6月18日按方案的技术规范和操作要求，完成了巧家县棚户区改造1#~6#地块受影响的7株古树的移栽工作，2020年10月20日，巧家移民产业投资开发有限公司组由云南海邻劳务服务有限公司、云南天启建设工程咨询有限公司、巧家县林业和草原局组成的竣工验收组，对工程施工进行了竣工验收。

根据《古树移栽授权委托书》及《古树移栽施工合同》，养护为1年，1年后移交巧家县林业和草原局进行管理，至2021年6月底，养护已满1年，云南海邻劳务服务有限公司向巧家移民产业投资开发有限公司提交了《巧家县棚户区改造1~6#地块受影响古树移栽工程养护报告》，并要求进行移交验收，2021年7月初，巧家移民产业投资开发有限公司向巧家县林业和草原局提交了《巧家县棚户区改造1#~6#地块受影响古树（大树）移栽工程移交验收申请》，巧家县林业和草原局接到移交验收申请后，组织由财政等各部门参加的验收组，于2021年7月9日进行了移交验收。

经过验收，所移栽的7株古树全部成活，长势优良，成活完好，枝叶茂盛，一致同意验收移交。

云南海邻劳务服务有限公司
2021年7月18日

移交情况报告

图8-20 移交时古树生长现状图

（三）经验总结

经过对古树的抢救性移栽，在外部生境等条件都相同的情况下，影响古树移栽成活的关键性因素主要有以下几点。

1. 树体健康

树体本身的健康程度对移栽成活至关重要，不健康的古树自身营养较差，加上在移栽过程中的损失，移栽后成活难度大；即使成活，长势也不好，养护成本也较大。案例中3号古树（挂牌105号）在原生地根部就被火烧过，且部分根部已腐烂，自然枯竭的古树根部已死去一半，移栽中进行了精心照顾、特殊护养，但3号古树发芽不好，只有稀疏嫩芽，经过1年的精心养护，才基本成活。健康程度对照见图8-21所示。

原生状况　　　　　　　　移栽当年发芽情况

不健康树（3号）

原生状况　　　　　　　　移栽当年发芽情况

健康树（6号）

图8-21 古树健康程度移栽对照图

2. 栽植方法

黄葛树具气生根，是长期进化的结果，说明黄葛树的成活与生长需要充分的透气，因此在移植中，研发了"浅坑堆栽法"来满足黄葛树这一生理需求，这也是影响成活的关键。

3. 移栽后的管护

古树移栽后的管护对移栽成活也非常关键，特别是巧家天气炎热，蒸腾量比较大，古树对水分的需要最为重要。本次移栽古树与当地移栽的其他大树进行对比。其他大树不进行浇水等管护，根部土壤干裂，影响树势平衡，大树就因失水过多而枯萎死亡。因此本案例古树移栽后有专门的养护组，随时观察水分情况，只要土壤出现干燥，即时进行浇水。同时，人工输送营养液，确保古树营养和水分，使移栽古树全部成活。因此，移栽后的管护是抢救性移栽成活的重要保障。

4. 树体损伤程度

移栽过程中树体损伤程度也影响古树移栽的成活，特别是大损伤，如摔断树干、土球散落、主根受损等对移栽会造成不可逆转的影响。同时，树体损伤后不处理伤口，树体就会感染而发黄枯萎。因此，在移栽中操作规范、精细，且要保护好树体不受损伤，一旦树体受伤后要即时对伤口进行处理，确保移栽成活。

六、安全文明施工

（一）安全施工

（1）严格按照施工安全管理制度执行，确保了施工安全事故零发生。

（2）各安全负责人履职到位，确保安全工作与绩效、责任切实相符。

（3）施工中人人都是安全员，负责自身施工范围内的安全工作。

（4）每天早上出发前，统一检查施工人员安全帽等安全措施的佩戴，加强安全责任感。

（5）施工中对工具、器具的使用严格按要求执行，2个施工人员之间保持一定的安全距离。

（6）对运输车辆等的使用符合操作规范，驾驶员精力集中，未发生任何安全事故。

（7）采挖施工时四周设置了警戒线和明显标志，并在施工范围设置围挡，无关人员严禁进入施工现场。同时注意树体的倒向，倾倒方向确保无人员和物资材料。

（8）吊装、下卸中吊钩下方确保无人员。

（9）栽植中所用的消毒剂等药剂密封放置。

（10）确保生活、施工用电安全。

（二）文明施工

（1）本案例是在城区进行施工，施工前设置围挡，并进行宣传。

（2）避开人员活动最频繁的时间段施工，避免因人员过多而影响安全。

（3）如施工中出现村民阻工现象，停止施工，协商解决后复工。

（4）施工操作规范，不得野蛮施工，施工中的丢弃物堆放在指定地点。

（5）施工人员使用的餐具每餐前定时消毒，人员餐具固定，一人一具，且进餐时使用公筷。

（6）施工当天清除生活垃圾，任何人员不能随意丢弃垃圾。

（7）施工后对毁损的道路进行复原，清扫现场，保持现场干净整洁，没有任何白色垃圾等。

第九章　国家二级保护植物红椿抢救性移栽

Chapter 9

一、红椿抢救性移栽准备工作

白鹤滩水电站淹没区在巧家县境内涉及国家二级保护野生植物红椿，分布在蒙姑镇、金塘镇、崇溪镇、白鹤滩镇、大寨镇，其中白鹤滩镇相对较多，根据白鹤滩水电站的建设进度，按保护植物红椿的生长特性及分布，进行切实可行的抢救性移栽。

（一）移栽方案的编制及审批

白鹤滩水电站淹没区巧家县国家二级保护野生植物红椿抢救性移栽由巧家县林业和草原局负责组织实施，巧家县林业和草原局通过购买服务，选取第三方单位编制移栽方案。

1. 红椿调查

红椿：被子植物门→双子叶植物纲→芸香目→楝科→香椿属。

红椿（*Toona ciliata* Roem），在我国主要分布于福建、湖南、广东、广西、四川和云南等省区，生长于海拔560～1550m的沟谷林内或河旁村边。主要生长于山坡、沟谷林中、河边、村旁等。红椿主要分布区的气候温暖湿润，年均温15～22℃，极低温-3～12℃，年降水量1250～1750mm，相对湿度80%。土壤为红壤和砖红壤，pH 4.5～8.0。红椿为阳性树种，不耐庇荫，但幼苗或幼树可稍耐阴。在土层深厚、肥沃、湿润、排水良好的疏林中生长较快。萌芽更新能力较强，在空地或疏林下，特别是火烧迹地或退耕地，天然种更新效果很好，但在密林下或庇荫地更新困难。红椿适宜砖红壤性土及黄壤土，在石灰岩淋溶土上也可生长。对水肥条件要求较高，在深厚、肥沃、湿润、排水良好的酸性及中性土上生长良好。

方案编制单位在巧家县辖区淹没范围内进行了拉网式踏查，确定红椿分布范围和数量，对每株树采用GPS定点，现地核实调查重点保护野生植物的位置、树种、年龄、直径、树高、冠幅、小生境、生长状况、生长势、坡向、坡度、坡位、海拔、土壤名称、土层厚度、土壤质地、土壤含水量、石砾含量、pH等以及道路交通等因子，并进行实地拍照。

根据实地调查，巧家淹没范围需要移栽的国家二级保护野生植物红椿共1513株，主要分布在农地、宜林荒山荒地和灌木林地中，少部分生长于有林地内，海拔介于634～821m，光照充足，土壤类型基本为燥红土，土层厚度均大于或等于60cm。重点保护野生植物生长范围均是人为活动频繁的地方，交通运输较方便，水分、养分充足，二级保护野生植物红椿生长良好。下木以蔷薇科蔷薇属植物、黄荆、马桑、车桑子、枹木、余甘子等为主，平均盖度约为25%；地被植物主要为禾本科、菊科、蕨类的常见种。

移栽的重点保护野生植物红椿按胸径大小分：

$D<5cm$ 的有204株；

$5cm \leqslant D<10cm$ 的437株；

$10cm \leqslant D<20cm$ 的840株；

$20cm \leqslant D<50cm$ 的32株。

2. 移栽地的选择

根据近地移栽原则，选择与移栽红椿生境相似的地方作为移栽地。按巧家县林业和草原局提供的地块，确定在巧家县白鹤滩镇大坪村委会半沟一组，小地名叫火烧毛坡的地方，规划4hm²的荒地区域作为移栽地。红椿移栽后，建设成为天然红椿种质资源保护基地。

移栽地现有柏油马路通达、手机信号全覆盖，交通、通信条件良好。移栽地在库区淹没线以上，海拔1300m，坡度25°，坡向西或西北，土壤为燥红土，土层厚度≥60cm，立地条件和水湿条件良好。移栽地在巧家县第一层山脊以内，属于红椿分布的适宜范围，水热气候条件、土壤类型等主要影响红椿生长的环境因子与红椿原生分布生境相似，移植地生长有野生红椿。移栽地现状见图9-1所示。

图9-1 移栽地现状

3. 移栽方案编制

根据保护植物红椿的调查现状，以及移栽地的生境状况，编制单位有针对性地设计了移栽技术，从修剪、采挖到养护管理，每个技术环节都符合红椿的生长特性，编制完成了符合实际、可操作性强的移栽方案，方案经专家评审后作为指导移栽实施和检查验收的依据。

4. 移栽方案审批

移栽方案经专家评审通过后，即时进行修改完善，由巧家县林业和草原局上报昭通市林业和草原局进行审批，办理了采伐（挖）证，手续完备，可以进行移栽。

（二）施工组织准备

1. 施工单位的选取

移栽方案经过昭通市林业和草原局审批后，巧家县林业和草原局通过购买服务，选取云南海邻劳务服务有限公司作为施工单位进行施工。该公司队伍健全、专业性强，具有当地抢救性移栽古树的施工经验，在众多投标单位中脱颖而出。

2. 施工组织

2020年12月11日，云南海邻劳务服务有限公司接到中标通知书后立即成立项目部开展工作。项目部下设项目经理、技术负责人、副经理、生产班组，组织结构如图9-2所示。

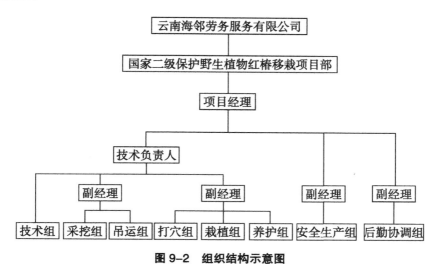

图 9-2　组织结构示意图

3. 机构部门职能

（1）国家二级保护野生植物红椿移栽项目部是云南海邻劳务服务有限公司设

立的移栽服务部门，全面负责国家二级保护野生植物红椿的抢救性移栽及后期养护。主要职责为：代表公司协调与业主、监理及其他设备供应厂家的关系；组织相关人员编制施工组织设计；组织与管理队伍；布置施工进度计划；布置材料供应计划；布置施工机械、设备计划；管理工程变更、洽商及代表公司向有关方面提交工程报告等。

（2）项目经理全权负责工程施工生产。负责整个移栽过程的调控和技术措施的把控；负责施工生产计划的编制，掌握各施工班组的施工进度情况，分析影响进度的因素，提出整改措施；主持项目部的会议；定期向公司汇报工作；主持事故调查工作；合理安排工程项目的人、财、物等各种生产要素；对项目实施成果负责。

（3）技术负责人具体负责项目的技术工作。参加施工组织设计的编制工作，对实施方案进行研究并提出自己的意见；向现场各施工班组进行技术交底；对施工中出现的技术问题提出处理措施；负责施工中的技术记录、技术档案编写与整理；编写并向监理单位与主管单位递交各种技术报验资料；编制竣工结算资料；协助项目经理做好成本管理与竣工验收工作；协助项目经理处理现场事故。

（4）技术副经理。负责相应专业组的施工技术，并协助项目经理处理施工中的其他问题，组织培训。

（5）后勤副经理。负责项目的对外联络，与周边社区的综合文明施工、共建，人事劳资，治安，保卫，职工食堂以及内部行政事务；负责工人聘用和调配、考勤管理及工资奖金分配；负责行政事务工作包括生活用品、材料用品的采购和发放，用车管理，食堂和炊事员管理等。负责材料采购、租赁；整理、保管好一切材料的资料和报告证件等，建立管理台账，做好各项材料消耗和库存信息统计工作；制定物资管理标准和实施办法，对工程使用材料的质量和管理负全责；制定（限额）发料标准，办理材料成本核算和费用结算；记录材料使用情况，做到可追溯性标准；根据工程进展情况，合理配备、协调施工机械，加强机械管理及维修，使其始终处于受控状态。

（6）安全副经理。负责整个施工过程的安全，制订安全文明施工计划，负责监督施工操作是否规范，负责对施工中安全隐患的排查等所有施工安全工作。

（7）采挖组。根据移栽方案以及野生红椿的分布情况，制订采挖计划，负责红椿的采挖。

（8）吊运组。负责红椿的吊装和运输，确保红椿吊运安全，树体不被损伤。

（9）打穴组。根据实施方案按要求进行打穴，施工机械不能操作的地块采用人工挖掘。

（10）栽植组。根据实施方案按要求进行栽植，确保技术措施到位。

（11）养护组。负责栽植后期养护管护。

（12）安全生产组。负责施工各环节的安全文明施工，排查各环节的安全隐患。

（13）后勤协调组。负责施工中各方的协调，负责保障项目部的日常生活；负责对红椿所有者及当地村民进行宣传、协调，讲解国家政策，取得当地村民的理解和支持；负责与各个部门的沟通和协调，保障红椿运输道路畅通等。

4. 技术交底

云南海邻劳务服务有限公司（施工方）与巧家县林业和草原局商讨沟通后，签订了施工合同，并进行了技术交底，指定移栽地范围。施工方对移栽的1513株红椿进行深入的调查，划分类型，制订不同的采挖措施。对移栽地立地条件进行了进一步调查，确定栽植方式和方法。

5. 施工组织设计

根据移栽方案及技术交底情况，对移栽标的即1513株红椿进行施工前的详细调查，按方案设计的技术措施、施工组织结构，进行翔实的施工组织设计。本次施工组织设计包括施工组织机构、主要施工技术方案、工程质量及保障措施、施工进度计划及保障措施、安全文明施工、主要施工材料准备预案、业主单位及监理单位配合和协调等主要内容，经项目主管单位、监理单位审核同意后进行施工。

6. 技术培训

项目部所有人员全员参加技术培训，由项目经理组织，项目技术负责人负责讲解每一个环节的技术要求，全面掌握红椿抢救性移栽的技术要领，所有人员都掌握技术要领后，方可参加项目施工。

（三）政府支持

白鹤滩水电站是国家重大建设工程，各级政府高度重视。随着水电站库区蓄水期的临近，移民工作成了当地政府的首要重点工作。巧家县人民政府把国家二级保护野生植物红椿移栽及库区古树、大树移栽纳入了移民工作，成立了由主管林草工作的副县长任组长的移栽工作领导小组，并发布了"白鹤滩水电站淹没区古树和国家重点保护野生植物红椿抢救性移栽保护的通告"（巧政通告〔2021〕4号），明确巧家县林业和草原局作为抢救移栽主管部门，对移栽工作中的相关问题作了明确规定。详见图9-3所示。

巧家县人民政府关于白鹤滩水电站淹没区古树和国家重点保护野生植物红椿抢救性移栽保护的通告

巧政通告〔2021〕4 号

根据《中华人民共和国森林法》和《中华人民共和国野生植物保护条例》等法律法规，现将白鹤滩水电站淹没区古树和国家重点保护野生植物红椿抢救性移栽保护有关事项通告如下：

一、巧家县林业和草原局作为古树和重点保护野生植物主管部门，已完成了白鹤滩水电站淹没区古树和重点保护野生植物红椿树的采集、采伐许可手续等工作，现已具备抢救性移栽条件。

二、白鹤滩水电站淹没区古树、重点保护野生植物红椿在实物指标调查时已纳入调查范围并按照补偿标准进行了补偿，实施古树和重点保护野生植物移栽的施工单位不再对树权所有人进行补偿。

三、任何单位和个人不得阻拦、阻碍施工单位开展古树和重点保护野生植物红椿的移栽工作。如因阻拦、阻挡导致不能如期完成移栽工作，造成的损失将由阻拦、阻碍施工的单位或个人承担。

四、任何单位或个人不得采伐古树、重点保护野生植物红椿，违反规定擅自采伐、采挖的，将依据《中华人民共和国森林法》《中华人民共和国野生植物保护条例》等法律法规进行处理，涉嫌犯罪的，移交司法机关追究法律责任

图 9-3　支持文件示意图

巧家县林草、交通、公安、交警、自然资源等各相关职能部门对抢救性移栽工作给予了极大支持，保障了移栽工作的顺利进行，特别是在大树的运输过程中，交通部门非常重视，保障了运输通道的畅通，保证了采挖的红椿能及时顺利运输到达移栽地。

（四）施工物资准备

1. 租赁项目部

抢救性移栽施工人员的生活区及生活物资的准备，是施工前不可缺少的环节。本次红椿抢救性移栽由于工期短，项目部选择在大平村租赁村民用房，离移栽地较近并且在运输线路旁边，带有小院子，可以停放小型车辆、堆放物资，方便施工，节约成本。

2. 施工物资准备

本次准备的施工物资详见表9-1、表9-2。

表9-1 红椿抢救性移栽施工机械准备清单表

编号	名称	配备数量	计划进场时间	计划出场时间
1	挖机	2台	2020-12-17	2021-03-20
2	挖机	2台	2020-12-16	2021-03-20
3	挖机	1台	2020-12-16	2021-03-20
4	挖机	4台	2020-12-16	2021-03-20
5	吊车	4台	2020-12-16	2021-03-20
6	洒水车	3台	2020-12-17	2021-03-20
7	皮卡车	1台	2020-12-17	2021-03-20
8	越野车	1台	2020-12-17	2021-03-20
9	五菱宏光	1台	2020-12-17	2021-03-20
10	猎豹	1台	2020-12-17	2021-03-20
11	越野车	1台	2020-12-17	2021-03-20
12	越野车	1台	2020-12-17	2021-03-20
13	拖车	1台	2020-12-17	2021-03-20

表9-2 红椿抢救性移栽施工材料准备清单表

编号	名称	配备数量	计划进场时间	备注
1	油锯	20台	2020-12-17	
2	电钻	20把	2020-12-17	
3	硬吊带	100条	2020-12-17	
4	软吊带	100条	2020-12-17	
5	打包带	20000m	2020-12-17	
6	草绳	10000m	2020-12-17	
7	保湿布	20000m	2020-12-17	
8	国光牌伤口愈合剂	2000瓶	2020-12-17	
9	国光牌移成	2000瓶	2020-12-17	
10	国光牌生根剂	2000瓶	2020-12-17	
11	输液袋	3000套	2020-12-17	
12	玻璃胶枪	100支	2020-12-17	
13	中性硅酮耐候胶	200支	2020-12-17	

续表 9-2

编号	名称	配备数量	计划进场时间	备注
14	挖树铲刀	50 把	2020-12-17	
15	斧头	50 把	2020-12-17	
16	锄头	80 把	2020-12-17	
17	钢丝绳	100 根	2020-12-17	
18	水管	6000m	2020-12-17	
19	钉子	20 件	2020-12-17	
20	钉子	20 件	2020-12-17	
21	钉子	20 件	2020-12-17	
22	木条	8000m	2020-12-17	
23	喷雾器	20 个	2020-12-17	
24	专用水箱	1 个	2020-12-17	

3. 劳动安全用品准备

劳动安全用品包括安全帽、防护服、防护鞋以及必需的医药用品。

（五）运输线路准备

运输线路是抢救性移栽施工中的重要环节，线路选择得当，缩短了运输时间，节约了成本，同时保证了移栽成活率，也减少了运输安全事故的发生。本次施工线路根据移栽对象原生地所在不同区域，移栽运输线路也不同，蒙姑、金塘、崇溪区域经蒙姑至巧家二级公路运输到巧家县城北，再运输至移栽地；大寨区域全部在巧家至大寨公路下方，由大寨公路运输至巧家县城北，再运输至移栽地；白鹤滩区域为红椿分布主要区域，大多在县城与金沙江之间，线路由原生地运输到巧家县城北，再运输至移栽地。不管哪个区域，均需要到巧家县城北部，从县城北部选取了2条线路到移栽地，距离6km左右，一是从水泥厂到大坪，再到移栽地；二是从水碾河沟到大坪再到移栽地。

施工前，项目部与建设单位及交通、市政、公用、电信等有关部门进行了充分沟通、协调，办理了运输过程中的必要手续，拿到了抢救性移栽工程运输牌，确保了运输畅通。

二、红椿抢救性移栽

（一）移栽地的准备

1. 株行距

本次抢救性移栽，移栽树种单一，树体大小分布也相对较为集中，胸径全部在50cm以下。移栽地确定后，根据移栽地的实际情况，放线、布局、定点，平整地段按3株×4株行距进行定点，不规则地段根据实际地形进行定点、布局，点与点之间保证植株复壮后有完全的生长空间为宜。

2. 栽植穴开挖

布局、定点后按移栽红椿的规格分类进行挖穴，由于移栽红椿较多，同一规格的植株分布相对较为均匀，因此，根据不同径阶段所带土球大小进行分类打穴，按$D \leqslant 10cm$、$10cm < D \leqslant 20cm$、$20cm < D \leqslant 30cm$、$D > 30cm$ 4个规格进行挖穴，穴的大小、深度根据红椿属于深根性树种的特性，结合移栽地土壤等具体情况，按技术要求进行分类测算。栽植穴挖好后，待红椿运输至移栽地，根据所带土球情况栽植时进行修整，保证红椿能按技术要求入穴栽植。

开挖栽植穴主要以小型挖机为主、人工为辅进行，小坑穴（$D \leqslant 10cm$）人工挖掘，大坑穴小型挖机挖出坑穴后进行人工整饰。栽植穴见图9-4所示。

图9-4 栽植穴施工现场图

3. 供水设施

供水是红椿移栽成活的关键之一，因此栽植前要落实供水设施，保障栽植供水以及后期管养供水。根据《金沙江白鹤滩水电站淹没区（云南）重点保护野生植物移栽方案》，Ⅱ级保护植物红椿移栽设计有专门的供水方案，在移栽地上方约2km处设计有1000m³高位水池，主水管铺设至移栽地，每株移栽红椿采取滴灌方式供水。但在具体实施中，该供水方案未完成，因此移栽过程中采用了临时供水设施。

移栽前，在移栽地上部设立12m³的临时专用供水设施，采用购买市场上现有钢制储水箱，半埋入土坑的方式设置临时专用供水设施。主水管管材选用PE塑管，管道连接方式采用熔接。灌溉主管规格为DN100，灌溉支管规格为DN50，管道等级为PE100级1.6MPa。主管开关处确保支管接出能轻松对每个栽植穴浇水。供水设施见图9-5所示。

专用水箱

灌水管网

图 9-5　供水设施施工现场图

（二）开工典礼

国家Ⅱ级保护植物红椿移栽施工单位——云南海邻劳务服务有限公司在开展移栽准备工作的同时，向监理单位——云南腾昭监理咨询有限公司、主管单位——巧家县林业和草原局提出开工申请，得到批复后，于2020年12月18日举行了开工典礼。监理单位、主管单位以及县直单位代表、涉及乡镇主管领导参与了开工典礼，主管单位领导对移栽任务、时间以及注意事项作了要求。

开工典礼移栽的红椿原生地在白鹤滩镇七里沟，高13m，胸径25cm，带土球完好，土球直径1.1m。移植点在进入移栽地约200m处路旁，栽植坑穴穴面直径1.7m，深1.2m，穴底直径1.4m。

2020年12月18日上午10点，移栽的红椿运输到栽植点后，随着主管单位宣布开工，红椿即卸即栽，经过二次修剪、消毒及伤口处理、起吊正位、回填土、支撑、浇定根水、围堰等，完成了第一株红椿栽植。接下来的施工期间，每一株红椿均按照设计方案和施工要求，以严谨细致的态度，按时保质保量完成了移栽任务。开工典礼见图9-6所示。

领导讲话

起吊入穴

伤口处理

正位直立、回填土

图9-6　开工典礼施工现场掠影

（三）红椿的修剪

国家二级保护植物红椿属于深根性树种，树体高大，萌发能力强，抢救性移栽中修剪采用了截干式修剪，修剪时保留一定的主干高度。主干高度一般根据运输条件及树体长势决定，大多在主干分枝以上10cm左右，在运输条件允许时尽可能保留主干便于复壮。将确定保留高度以上的部分和整个树冠截除，有利于减少水分的蒸腾，使移栽后发芽较快，一般在3个养护周期就可以复壮。移栽中遇树体矮小的植株也采用截枝式修剪，甚至全冠移栽。

本次抢救性移栽时间紧，移栽红椿大多在30cm以内，移栽前的修剪大多在采挖土球、放倒树体后，边包扎土球，边进行修剪，同时处理伤口。见图9-7所示。

（四）红椿树干保护

采挖前从树体根部至主干枝下的适当位置（一般为树根往树梢2～3m处，以机械推倒树体的着力点不损伤树体为宜），进行树干保护。采用草绳或保湿布缠绕树体，草绳外环周钉上长条形小木板，固定草绳的同时，机械推倒树体时有较大的缓冲作用，不易损伤树体。详见图9-8所示。

图 9-7　截干式修剪及土球包扎现场图　　　图 9-8　采挖前保护现场图

（五）红椿的采挖及土球包扎

移栽采挖组根据施工组织设计确定的技术措施进行采挖。本次抢救性移栽红椿全部是天然野生红椿，原生地地形复杂，因此在采挖时，根据每株红椿所处的地形地势，采取不同的采挖方式。对生长在平缓地段的红椿，严格按规定的土球大小进行采挖；对于生长于陡坡或土埂上的红椿，开挖土球比规定标准相对要小。同时，由于本次移栽红椿土壤质地大多为沙质土，难以保存完整的土球，有的甚至不能带土，树体放倒后完全为裸根，加大了移栽成活的难度。实际带土球情况见图9-9所示。

完整土球　　　　　　　带少量土　　　　　　　裸根，不能带土

图 9-9　各种土球现场图

根据红椿原生地的土质情况，边采挖边修剪根系，对伤口进行处理后边包扎土球的"三边"同时进行，树体放倒后土球保存不完整的，采用塑料膜再次包裹。特别是对于裸根，用湿润土壤敷根后再用塑料膜包裹，外面在包扎绳索。

包扎前对断根或无效根系进行修剪，修剪时伤口平整，用国光牌伤口愈合剂涂抹伤口，保护伤口不被感染，然后再进行包扎。移栽中对土球的包扎采用白色包装带和草绳，土球保存不完整的，再用白色透明塑料膜包裹。详见图9-10所示。

采挖	修剪
包装	"三边"完成待吊装

图 9-10　采挖施工现场图

（六）红椿的吊装

红椿采挖后，检查土球包扎是否完好，截干修剪，处理完伤口后，进行起吊装车。树体较大的红椿用挖机或吊车水平起吊进行装车，起吊时树干着力点应在经过树干保护的部位，操作仔细，运行缓慢，轻起轻放，起吊时树梢截干端装有牵引绳，以保持树体平衡。树体较小的红椿也可以采用人工搬运，人工搬运时注意行进方向，保证人身安全。

运输所选用车辆为大运拖车，装车前在车尾固定横梁，车厢底部铺上草垫、轮胎、棉絮等软物，再进行装车。由于抢救性移栽红椿为天然野生树种，树体大小长短不一，规格不同，对于较小的红椿，采用人工搬运装车，人工辅助机械的方式更有利于灵活掌控，省时省力，又安全方便。装车时土球朝向车头，上层红椿也可土球交错装车，只要不损伤树体、装车稳固、不掉落即可。如果装车不牢固，运输中极易发生安全事故，不仅使树体受到损伤，而且使人、财、物受到损失。

挖机、吊车、运输拖车均是经有关部门年审合格，并按照机械出厂使用说明书规定的技术性能、承载能力和使用条件正确操作、合理使用的。驾驶员必须持证上岗，起吊时应有专人指挥，专人负责所需工具、吊具、吊带的检查，吊带强度应满足起吊树体重量许可的安全要求，并按规定检验合格。吊装施工现场详见图9-11所示。

运输车辆　　　　　　　　　　　机械吊装

人工搬运　　　　　　　　　机械与人工结合

吊装中　　　　　　　　　　　吊装完成

图9-11　吊装施工现场图

（七）红椿的运输

国家二级保护植物红椿移栽的运输由吊运组负责，除驾驶员外还配备了2名专门跟车监护人员。本次运输线路选用2条，一是红椿运到县城北后，县城北→水泥厂→大坪→移栽地；二是红椿运到水碾河沟后，水碾河沟→大坪→移栽地。运输前项目组已与巧家县交通、运政等各部门进行了沟通与协调，确保了运输道路畅通。运输线路详见图9-12。

运输与吊装息息相关，首先根据树体的大小预测其重量，选用相应的运输车辆，本次移栽红椿没有特别高大的树体，胸径均在50cm以下，土球也不大，运输车辆为大运拖车，且多株同时运输，每车装5~20株不等，以装车稳定牢固为准。红椿的运输除了保证道路畅通外，如果装车不稳固，运输途中易掉落，影响安全，损伤树体，耽误最佳的移栽时间。

图9-12　运输线路示意图

在红椿移栽的运输过程中，发生过一次装车不稳固的情况，押车员及时发现，并立即进行了处理，没有造成其他安全事故，树体也没有损伤。其余红椿均按预定计划安全运输到移栽地。

在运输过程中，对运输车辆触及树干的部位都特别加以了保护，避免树皮和韧皮部受伤，同时控制运输速度，减少了由于车辆颠簸对树体造成的不必要损伤。

装车稳固正常运输见图9-13所示，装车不稳固以及车速过快见图9-14所示。

图9-13　正常运输图

图 9-14　装车不稳固，运输途中整改图

（八）红椿下卸

　　红椿运输到移栽地后立即卸车，卸车的基本操作与装车大体相同，起吊过程要求平稳，以确保树体不受损伤，土球不破裂。

　　红椿下卸采用水平起吊与垂直起吊相结合的方式进行，当红椿被缓缓吊起离开车厢时，应将运输车辆立即开走。下卸严格按要求操作，土球准备落地处平整，无硬物或横放的大木方。将土球徐徐放下，土球不滚动后，逐渐松动吊绳，摆动吊杆，使树体缓缓放下，见图9-15。

垂直起吊下卸

水平起吊下卸

图 9-15　下卸施工现场图

为避免二次搬运，红椿抢救性移栽中大多数下卸与栽植同时进行，下卸时吊起红椿即落放在栽植穴旁，即下即栽，既减少了工序、节约了时间，又保证了红椿的成活率。平吊出车厢，收紧树干吊带，使树体倾斜或垂直，慢慢下放树干吊带，土球端下沉，土球轻落在坑穴旁边或直接入穴，待根系二次修剪处理后栽植。即下即栽也可垂直起吊。

（九）红椿的栽植

国家二级保护植物红椿抢救性移栽采用即下即栽，先准备好栽植穴及供水设施，待红椿运输至栽植地后，根据树体土球大小，下卸在相应的坑穴旁或直接入穴，经过去包扎带、修剪处理后即时栽植。如有特殊情况，如运输至移栽地后天色已晚，只能将大树下卸到指定地点，采取保湿措施后第二天进行栽植。

1. 树穴对照检查

红椿下卸后，检查树穴的大小、深浅是否与将栽植红椿土球相对应，对不能满足红椿土球规格的坑穴应立即扩挖、整饬。测定土球厚度，结合地面标高调整树穴深度，红椿栽植的深浅应合适，土球一般应低于地面5cm左右。

2. 拆除土球包扎物

红椿下卸后，入穴栽植时拆除土球包扎物，如果土球松散，则入穴后再慢慢拆除包扎物。拆除土球包扎物时，起吊树体机械不能松动，保证施工安全，防止二次损伤树体。

3. 二次修剪

红椿下卸后，立即进行二次修剪。一是对根的修剪。去除土球包扎物后，对损伤的断根、露出土球的多余细根进行二次修剪，修剪时剪口要平整。二是对树体地上部分的修剪。在运输过程及起吊过程中，均会对树体主干和枝条造成不同程度的损伤，栽植时剪去损伤的枝条和树尖损伤段。同时，带一定枝冠移栽的，根据树势协调程度，剪去不协调的多余枝。

4. 伤口处理、消毒

不管是剪口还是树体损伤部位，均要进行伤口处理，处理前对伤口进行消毒。对于消毒杀菌、伤口处理，市场上有很多成熟的产品，可购买后直接使用。本次全部采用国光牌消毒杀菌剂，伤口处理全部采用国光牌伤口愈合剂。

栽植时，因为根部与新土壤密切接触，伤口多，容易造成感染，影响成活，在栽植的同时对栽植穴及回填土进行消毒。

5. 入穴正位

红椿经修剪、伤口处理后，即启动吊车，慢速将土球吊至坑穴，当土球入穴后即收小钩，使树体慢慢立起，然后转动树体，使红椿的正北向与树上标注的方向一致，然后轻放吊钩，使大树立于坑穴中心，并保持树体正立，使树干与根在同一垂直线上。

6. 第一次回填土

红椿入穴正立后第一次回土，回土时应用细土入穴，分层筑实。当回填土达20~30cm厚时须用木棍将其筑实，筑土时应朝土球底部中心方向用力，使回填土与土球底部充分接触，当回填土厚度达到土球厚度的1/4时轻下吊钩，如树体直立不动，即稳住吊钩，进行支撑，如树体有斜倒趋势，应重新正立树体，加土回填并筑实，至树体不动为止。

7. 支撑

红椿支撑全部采用竹竿进行三角桩支撑，支撑点应在树干的1/2~2/3处，将支撑杆埋入地面以下30cm固定，避免人为破坏。支撑时对歪、倒、斜的树体进行扶正后再支撑，且地面支撑点要坚实稳固。

8. 第二次回填土、浇定根水

通过第一次回土并进行支撑固定后，对裸根或土球松散的植株用喷雾器对根部喷洒50mg/L的生根粉剂2~3次，每次间隔时间10min，再进行第二次回土。回土时同样采取分层填土筑实的方法，当回土高度再次达到土球高度的4/5时，放下吊钩，撤离吊车，利用未填满土的沟槽慢淹定根水（第一次定根水）至坑面，经检查确定浸透后再覆土至地平面，并在坑沿筑水圈，水圈高度15cm左右，进行第二次浇水，直至浸透为止。浇水时，如遇土壤坍陷漏水，则应填土堵漏再补水。

9. 围堰

定根水浇透以后，应将根部树圈刨平围堰，设置浇水槽，以备后期管养浇水。

红椿栽植施工部分图片见图9-16所示。

水平起吊下卸

拆除包装物

二次修剪

伤口处理

正立、根部消毒 　　　　　　浇第一次定根水

第一次回填土 　　　　　　第二次回填土

浇第二次定根水 　　　　　　围堰

支撑　　　　　　　　　　　　栽植完成

图 9-16　栽植施工现场示意图

■ 三、施工管理

（一）管理制度

施工前准备工作阶段，对施工中各个环节制定了详细管理制度，包括人员组织管理、安全管理、技术管理和进度管理等。施工管理制度张贴于项目部会议室内，每个施工人员均要熟悉施工管理制度，按管理制度管控施工过程，如施工中有特殊情况或管理制度没有规定的，及时提出，由项目部进行商讨解决。

1. 人员管理制度

根据人员组织结构进行分层管理，层层负责，签订责任承诺书，责任到人。按人员组织结构及机构部门职能，分层进行管理，每一层都根据自己的职能恪尽职守。同时，施工班组协调推进、和谐施工、相互督促，上下级沟通顺畅，施工中发生的任何情况，不分级别随时汇报、沟通，任何施工人员之间均可以相互沟通项目施工中的任何问题。

2. 安全管理制度

安全管理制度包括项目经理安全工作职责、分管安全生产副经理安全工作职责、车辆管理安全工作职责、施工人员安全工作职责和驾驶员安全工作职责。

（1）项目经理安全工作职责

①项目经理是项目部安全生产第一责任人，对建设项目安全生产工作负全面责任。项目经理与项目负责人承担同样的安全责任，以下任何条款共同适用于项目经理及项目负责人。

②贯彻执行国家的安全生产方针、政策，遵守相关法律、法规，传达贯彻国家及业主方有关安全生产的指示精神，及时研究解决安全生产过程中出现的重大安全问题，掌握建设项目安全生产动态，接受上级安全监管部门的监督。

③负责建立健全安全生产管理组织机构和各级安全生产责任制。按照安全生产"一岗双责"的原则，签订安全生产责任书，并组织落实。

④定期组织召开安全生产工作会议，分析安全生产形势，解决施工中安全生产的突出问题。

⑤组织制定安全生产规章制度和操作规程并发布实施。

⑥组织制订和实施安全生产工作计划；安排专项资金完善安全设施，确保安全生产费用投入并有效实施；制订并实施安全生产教育和培训计划，切实加强项目人员的安全教育，强化移栽施工人员的安全意识。

⑦要求为所有人员购买意外伤害险。

⑧制订生产安全事故应急救援预案，并有计划地组织实施各类应急预案演练，提高移栽工人自救的安全意识。

⑨定期进行安全生产检查和专题调研，布置安全生产大检查，排查治理安全隐患，时常督促、检查安全生产工作，切实抓好项目安全生产管理工作，严防各类安全事故发生。

⑩及时、如实报告生产安全事故。严格按照"四不放过"的原则，如发现安全事故及时向业主方及上级组织报告，组织事故调查，并在职权范围内进行处理。

（2）分管安全生产副经理安全工作职责

①认真贯彻执行国家安全生产的方针、政策，遵守相关法律、法规。在项目经理的领导下，主持日常安全生产管理工作。对施工安全生产负直接领导责任。

②定期向项目经理及技术负责人报告安全生产工作，负责提出有关安全工作议题。

③组织开展安全生产管理工作，检查各工组执行安全生产规章制度和操作规程情况，发现事故隐患及时整改落实。

④每天出工前必须组织施工人员列队检查安全装备是否到位，告知应注意的安全事项。

⑤晚上收工时负责落实检查当天施工情况，包括工器具、技术及人身安全等。

⑥负责监督检查危险性较大部分树木移栽采挖的安全方案，及时把安全情况汇报给项目经理，提出安全合理的技术措施。

⑦按照"平安工地"建设要求，对项目安全生产条件进行核查，组织开展自评工作，强化隐患排查及治理工作，确保移栽安全管理工作的有序运行。

⑧监督检查工程现场施工安全工作，抓好排查隐患和整改落实，严格落实安全责任，强化采挖人员及运输人员、栽植人员的安全责任意识。

⑨完成项目经理安排的相关工作。

（3）车辆机械管理员安全工作职责

①严格遵守交通法规，杜绝各类违章行为，确保行车安全。

②做好驾驶员工作和车辆年审、年检工作，本着"安全、合理、必须"的原则，统一安排车辆保养、修理，把好车辆送修验收关，确保车辆技术状况良好。

③建立驾驶员维修、油耗、材耗、事故档案，定期进行考核，定期对车辆进行安全性能检查，并做好记录，对查出的问题进行彻底的整改。

④驾驶员运输及机械操作过程中的安全问题由驾驶员自己负全责，应与公司签订安全责任状或相关使用合同。

⑤配合相关各方做好车辆事故的调查、分析和处理工作，不瞒报、迟报各类事故，认真执行事故处理"四不放过"原则。

⑥对公司车辆实行统一管理，按"谁驾驶、谁负责"的原则进行管理。其他机械按所有者与施工单位签订的合同的约定进行，各负其责。

（4）施工人员安全工作职责

①严格遵守《中华人民共和国安全生产法》等相关法律、法规的规定，不得违法、违规进行任何安全生产活动。

②时刻牢记安全施工，进入移栽施工现场，所有人员必须正确佩戴安全帽、劳动保护用品等，对自身和他人的人身财产安全负责。

③对物资使用安全负责，如果涉及涉密工具物资的，按相关规定执行。

④对施工技术安全负责，从采挖组到养护组，必须按施工方案要求施工，做到技术安全到位。

⑤发现生产安全事故，迅速报告，做到安全事故及时处理，并积极配合伤亡事故的调查处理，做好安全事故的汇报工作。

（5）驾驶员安全工作职责

①不论是专职驾驶员或是公司技术人员自驾车，一律按驾驶员工作论责。

②遵守《中华人民共和国道路交通安全法》，谨慎驾驶，做到不违章、不超速、不酒驾，病车不上路。

③熟悉和掌握车辆机械性能，开展车辆日常保养，排除车辆机械故障，保持车辆良好性能状况。

④按规定停放车辆机械，不乱停放。

⑤不私自将车辆机械转借或私用。

⑥服从车辆机械调度，抵制违章指挥。如遇身体不适或车辆机械状况不佳，应及时汇报。

⑦作息有规律，保证充足的睡眠。

⑧发生事故时，应保护好现场，立即报告交警和项目部管理人员，配合相关部门对事故的调查处理。

⑨参加项目部组织的安全学习和安全活动；学习安全行车知识，总结安全行车经验。

⑩服从领导或部门负责人的其他安全管理要求。

3. 技术和进度管理制度

（1）技术管理制度

①技术负责人负责对施工人员进行指导，确保操作正确。

②施工前编制简要施工操作手册，除组织专门的技术培训外，每个施工人员人手一册，施工中遇技术不清楚时立即进行学习。

③施工中随时对各施工班组进行检查，发现技术不规范的及时纠正，按要求施工。

④把技术要求牢记在心上，并不论时间和地点，不管任何场合均要操作规范、技术合规。

⑤各施工班组组长每天做好施工日志，第二天早上交给技术总负责人，定期汇总后汇报给监理单位。

（2）进度管理制度。红椿移栽是抢救性移栽，时间紧、任务重，进度管理尤为重要。白鹤滩水电站于2021年4月1日正式开始蓄水，红椿抢救性移栽施工期共90天，2020年12月18日开工典礼后，至2021年3月15日前必须完成施工，否则由于电站蓄水，未移栽完成的国家二级重点保护植物红椿就将被淹没。因此，施工前制订了详细、周密的进度计划，根据时间要求，结合移栽对象的分布地点，排出每天移栽工作量和施工顺序，真正做到有序施工。如果施工中确有当天未完成的既定工作量，当天晚上进行总结，改善工作方法，分摊在后期施工时间中，或第二天加长工作时间，增量完成之前预留任务。由于进度管理等各方面工作制度制定详细、周密，施工得当，整个移栽工作于2021年3月10日全部完成，保证了白鹤滩水电站正常蓄水，同时也确保淹没范围的红椿全部安全移栽。

4. 汇报制度

（1）内部汇报制度。施工中逐级汇报当天施工情况，汇总需要解决的问题。同时，各班组之间相互沟通，确保各个施工工序衔接恰当，施工环节不脱节，确保当天采挖、当天栽植。

（2）外部汇报制度。项目部每天向领导小组、主管单位、监理单位汇报施工进度以及施工情况，对在施工中遇到的问题，及时寻求解决办法。每周在主管单位举行施工进度通报会上，以施工进展报告的形式书面向主管单位报告施工进展情况。同时，项目部每周发一次施工简报，定期公开施工情况。施工部分管理工作缩影见图9-17所示。

人员组织结构

施工进度表

安全管理职责

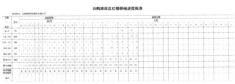

上报进度计划表

班组总结会

施工检查讲要求

施工工作汇报　　　　　　　　　　　　　　施工简报

图 9-17　施工管理缩影图

（二）施工管理

红椿抢救性移栽施工管理贯穿整个移栽过程，包括后期管护，均严格按技术要求实施，加强了施工的监管。施工期间从项目经理、副经理、班组长到施工人员，层层管理，时时监管，施工技术措施规范，安全事故零发生。

1. 宣传培训

项目实施前，组织所有施工人员进行宣传培训，了解白鹤滩水电站建设情况，讲解红椿移栽的重要性和必要性，使每个施工人员充分发挥主人公责任感，主动服务，群策群力。

2. 层层监管

项目经理、施工管理员、班组长到施工人员，层层监管，层层签订责任状，实行奖惩制度。

3. 时时监管

施工过程中，项目经理亲自到施工现场监管。同时各施工班组组长对该组的施工时时把控，施工人员之间相互监督，从采挖到栽植技术操作规范，保证移栽成活。

4. 两会

施工每天早上出发前，统一集合，分配、讲解当天工作任务、技术环节、注意事项、对安全施工的要求，并检查每个施工人员安全帽等安全措施是否准备到位。

每天晚上班组长以上集中开会，汇报当天工作，交流施工中出现的情况，总结经验，准备第二天的工作。

■ 四、红椿管护

（一）管护组织情况

1. 管护时间

（1）管护期限。根据《金沙江白鹤滩水电站淹没区（云南）重点保护野生植物移栽项目施工合同书》（合同编号：YNHL2020-DSYZ-007），管护期为两年。

（2）管护时间。2021年3月5日全面完成施工，2021年3月19日责任单位对工程进行了竣工验收后即进入管护期，管护时间为2021年3月20日—2023年3月20日。

2. 管护人员组织

（1）固定管护人员。从2021年3月5日全面完成施工后，施工单位立即成立了移栽后期管护组，由云南海邻劳务服务有限公司副总经理杨仕林任组长，施工总指挥熊昌荣任技术顾问，施工队长祝家莲任技术负责人，施工人员何祖志、范登先、杨康为成员的管护组，全面负责移栽基地日常管护工作。

（2）临时管护人员。管护过程中，如果需要增加临时施工人员，如除草、浇水、病虫害防治等，由管护组在当地聘请就近村民组成。聘请临时施工人员的数量根据工作实际需要确定，需由管护组提出，报项目经理审批。

（二）移栽初期管护技术

1. 捆扎保湿技术

为防止新植红椿树体水分过度蒸腾，影响成活率，对树干采取保湿措施。

施工中采用保湿布直接缠绕在树干上，既保湿透气，又操作简单，在芽包处留出缝隙利于出芽。在出芽期多观察，有保湿布阻碍出芽的情况，人工修剪保湿布，甚至在出芽期拆除保湿布。树体成活，树上部开始发芽后，经过1年管护，在"三伏"和"三九"天的适应性周期生长稳定后，拆除保湿物。保湿见图9-18所示。

2. 浇水技术

抢救性移栽的红椿树体相对较小，尽管留有土球但土球不大，吸收根失去较多，新根生长慢，吸收能力难以恢

图9-18　捆扎保湿

复，而树体仍在大量蒸腾，打破了树势平衡。因此，栽植时应浇透定根水、围堰，以后每隔5~7天沿堰槽浇水，浇水必须次次浇透，同时可向树干喷洒水分，淋湿即可。雨季雨水集中期不用浇水，旱季特别是10月至翌年3月每周浇水1次。浇水见图9-19所示。

3. 输液技术

红椿移栽后的根系吸收功能差，根系吸收的水分和营养不能满足树体蒸腾和生长的需要，施工中采用输液方法补充树体的营养和水分。施工中全部采用国光牌营养液进行输液。输液示意见图9-20所示。

图9-19　初期浇水　　　　　　　　　图9-20　初期输液

（三）养护管理技术

1. 浇水技术

管护期时时观察移栽基地天气情况，根据基地土壤情况及红椿生长情况进行浇水，管护第一年平均每月浇水4次，管护第二年平均每月浇水2次，根据实际情况如雨季雨水集中则进行调整，以保证红椿正常生长为宜。养护浇水见图9-21所示。

施工结束后，根据红椿的生长情况，雨季每月基本进行了2次浇水，旱季平均浇水3次，在天气干热时达4次。管护期浇水全部采用水车拉水浇灌，管护期共拉水30次、464车，每车12m³，共5568m³。除固定管护组工人外，共聘请临时工356名。同时，由于供水附属设施未能供水，购置完善管护浇水设施共计10次。

图9-21　养护浇水

2. 抹芽、打梢技术

红椿在移栽第一个生长期，树干会发出较多嫩芽，为保证红椿的营养及生长形状，需要根据发芽的位置进行判断，抹去不利于红椿成形和生长的多余嫩芽、嫩梢。留芽根据红椿嫩芽长势及树冠形成趋势进行保留，尽可能多留高位的健壮芽，及时除去了树干中下部及切口上萌生的丛生芽。抹芽、打梢见图9-22所示。

抹芽技术主要在管护第一年生长期，第二年生长期进行了少量抹芽。除固定管护组工人外，共聘请临时工142名。

图 9-22　抹芽、打梢

3. 除草技术

管护期特别是管护第一年，移栽塘土壤疏松、肥力较高，因此杂草丛生，需要进行除草，防止杂草争肥及影响根部透气等。

管护期第一年，移栽塘土壤疏松、肥力较高，至7月、8月已杂草丛生，在8月、9月、10月进行除草，除固定管护组工人外，共聘请临时工320名。管护第二年除草1次，除固定管护组工人外，共聘请临时工32名。除草见图9-23所示。

4. 病虫害防治技术

时时观察移栽红椿病虫害情况，如果雨季积水太多，透气性不好，会导致树叶发黄。新叶刚长出时容易受虫害影响，如

图 9-23　除草

红椿梢螟、香椿毛虫、云斑天牛等，因此需要对移栽红椿进行病虫害的防治。病虫害防治见图9-24所示。

红椿新叶刚长出时受红椿梢螟、云斑天牛、旋心虫（柱虫）等为害，既损害嫩叶，还啃食树干。管护第一年共防治4次，管护第二年共防治2次。除固定管护组工人外，共聘请临时工30名。

5. 松土技术

红椿浇水过后或雨季坑穴土壤板结，为增加根部透气性，根据现地移栽穴树根土壤情况，适时进行松土。松土见图9-25所示。

管护第一年、第二年分别进行了1次松土，除固定管护组工人外，共聘请临时工81名。

图 9-24　病虫害防治　　　　　　　　　　图 9-25　松土

6. 巡护管养技术

俗话说："三分造，七分管"，对红椿移栽也一样，如果移栽后不管理，即使成活，也不会健康，久而久之也会死亡。

（1）管护制度健全，巡护人员到位。移栽前制定了健全的巡护管养制度，安排专门的巡护人员。红椿移栽有固定管护人员和临时管护人员，巡护人员按制定的管护职责，按时对移栽红椿进行巡护，详细记录红椿的生长状况，如发现病虫害、缺水、其他动物破坏、自然灾害等应及时采取相应措施，保护、恢复红椿的正常生长。

（2）防止人畜破坏。红椿移栽后被牲畜破坏是最严重的问题。牲畜进入移栽地不仅对红椿进行踩踏、擦挤甚至推倒，而且牛、羊还会啃食红椿嫩叶，严重影响红椿生长发育。同时，移栽后也会发生人为破坏的情况，如移栽土地纠纷、其他人为破坏等，均会对红椿产生不可逆转的损害。红椿管护中发生过牛、羊进入基地的情况，也发生过电力线路架线修剪红椿主干的情况，均第一时间进行了妥善沟通处理，保证了红椿的正常生长。

（四）管护日志

管护期间，做好管护日志，记录管护施工情况。管护日志主要内容要求有管护员、管护内容、物资量和用工量，并附有相应施工照片。

如果管护中发现有不正常情况，如土壤干裂、生长不正常、树歪斜、发生病虫害、有人为破坏等不利于红椿生长发育的情况，应立即向项目负责人汇报，由项目组进行商讨确定解决办法，及时进行管理治理。管护日志示例如下：

日期：2021年8月10—12日　天气：阴			
项目名称：金沙江白鹤滩水电站淹没区（云南）重点保护野生植物移栽管护			
管护员	管护内容	用水量（车）	工时（个）
××、××、××	抹芽、浇水、除草	15	10
抹芽打梢		浇水、除草	

五、验收、移交

（一）验收

1. 竣工验收

2021年3月9日，施工单位向巧家县林业和草原局提出工程竣工验收申请，巧家县林业和草原局于2021年3月19日组织工程竣工验收。经验收，施工单位严格按实施方案及施工组织设计进行施工，技术标准，操作规范，实际移栽1513株。竣工验收合格。

2. 成活验收

在移栽后第一个生长季，移栽红椿发芽后，2021年6月25日，施工单位向巧家县林业和草原局提出红椿成活验收申请，巧家县林业和草原局于2021年7月9日主持成活验收，验收组到现地通过检查成活情况，查数成活株数，存活率为93.5%，验收为合格，达到施工方案设计的移栽要求。

3. 成效验收

管护期结束以后，2023年3月20日，施工单位向巧家县林业和草原局提出白鹤滩水电站淹没区（云南）重点保护野生植物移栽管护成效、保存率验收申请，巧家县林业和草原局于2023年6月5日主持成效保存验收。验收组由主管单位、监理单位、自然资源局、生态环境局等单位组成，经验收组实地检查验收，红椿经2年管护期，长势优良，生长旺盛，移栽株数保存率90.6%，远超过了移栽方案设计的65%的株数保存率，成效验收为优秀。

（二）移交

经成效验收合格后，施工单位向巧家县林业和草原局提出移交申请，巧家县林业和草原局根据成效检查验收情况，按移栽方案和合同约定，同意了施工单位云南海邻劳务服务有限公司的移交申请，办理了移交手续。至此，白鹤滩水电站淹没区（云南）国家二级保护野生植物红椿抢救性移栽工程正式结束。验收移栽见图9-26所示。

白鹤滩水电站淹没区（云南）重点保护野生植物移栽项目种植阶段验收报告

由云南海邻劳务有限公司中标实施金沙江白鹤滩水电站淹没区（云南）重点保护野生植物移栽项目，云南海邻劳务有限公司根据《金沙江白鹤滩水电站淹没区（云南）重点保护野生植物移栽方案》相关技术标准和《金沙江白鹤滩水电站淹没区（云南）重点保护野生植物移栽项目施工合同书》相关条款，组织人力物力进行施工，在2021年3月5日全部完成1513株金沙江白鹤滩水电站淹没区（云南）重点保护野生植物（红椿树）的移栽，监理单位云南中大咨询有限公司和施工单位云南海邻劳务有限公司进行了初验，提交了《工程完工报告》和《工程竣工验收申请》，根据云南海邻劳务有限公司的验收申请，2021年3月19日，由县林业和草原局牵头，县林业和草原局、县移民投资服务中心相关领导和技术人员，云南中大咨询有限公司监理人员和云南海邻劳务有限公司负责人共同对金沙江白鹤滩水电站淹没区（云南）重点保护野生植物移栽项目进行了种植阶段验收，验收结果如下。

一、项目基本情况

（一）项目的由来

金沙江白鹤滩水电站淹没水霉淹没区（云南）涉及巧家县重点保护野生植物株数共2872株。根据中国长江三峡集团条件云南省林业调查规划院巧家分院编制的《金沙江白鹤滩水电站淹没区（云南）重点保护野生植物移栽方案》，应移栽的重点保护野生植物（红椿树）1513株，县人民政府与中国长江三峡集团招商有限公司签订了《金沙江白鹤滩水电站淹没区（巧家县境内）占树和重点保护野生植物移栽合同书》，县移民和草原局按照县人民政府的安排，协调上级主管部门办理了占树和重点保护野生植物移栽，承代许可手续。2020年12月4日通过招投标，云南海邻劳务有限公司中标作为实施单位，县林业和草原局与该公司签订《金沙江白鹤滩水电站淹没区（云南）重点保护野生植物移栽项目施工合同书》，2020年12月14日该公司组织施工。

（二）项目实施地点

项目实施地点在白鹤滩镇大坪社区平沟一组（小地名叫大坡毛建）。

（三）工期

根据县林业和草原局与云南海邻劳务有限公司签订的《金沙江白鹤滩水电站淹没区（云南）重点保护野生植物移栽项目施工合同书》，工期90天。

（四）工程量

根据《金沙江白鹤滩水电站淹没区（云南）重点保护野生植物移栽方案》，应移栽的重点保护野生植物（红椿树）1513株。

二、验收方法

验收人员根据《金沙江白鹤滩水电站淹没区（云南）重点保护野生植物移栽方案》，采取实地踏查、清点的方法进行验收。

三、验收结论

通过验收人员实地踏查、清点，该项目应移栽的重点保护野生植物（红椿树）1513株，实际移栽重点保护野生植物（红椿树）的苗株，定植移栽符合《金沙江白鹤滩水电站淹没区（云南）重点保护野生植物移栽方案》的技术标准和要求，同意金沙江白鹤滩水电站淹没区（云南）重点保护野生植物移栽项目通过种植阶段验收。

四、后期管护

实施单位按照《金沙江白鹤滩水电站淹没区（云南）重点保护野生植物移栽方案》要求定期做好浇水、巡护，严防人为破坏，确保移栽树木达到《金沙江白鹤滩水电站淹没区（云南）重点保护野生植物移栽方案》要求与合同约定成活率与保存率，保护3个月后申请成活率验收，管护2年后再组织。

参与验收人员签字：（签名）

验收单位：巧家县林业和草原局

2021年3月19日

竣工验收

白鹤滩水电站淹没区（云南）重点保护野生植物移栽项目成活率验收报告

由云南海邻劳务有限公司中标实施金沙江白鹤滩水电站淹没区（云南）重点保护野生植物（红椿树）移栽项目，在2021年3月19日进行了种植阶段验收，根据《金沙江白鹤滩水电站淹没区（云南）重点保护野生植物移栽方案》相关技术标准和《金沙江白鹤滩水电站淹没区（云南）重点保护野生植物移栽项目施工合同书》中"以成活率和保存率为依据进行验收，红椿成活率（移植后3个月）65%以上为合格"的验收标准及云南海邻劳务有限公司提交的红椿树移栽成活率验收申请，2021年7月9日，由县林业和草原局牵头，县财政局、县林业和草原局、县移民投资服务中心相关领导和技术人员，云南中大咨询有限公司监理人员和云南海邻劳务有限公司负责人共同对金沙江白鹤滩水电站淹没区（云南）重点保护野生植物移栽项目进行了成活率验收，验收结果如下。

一、验收方法

验收人员根据《金沙江白鹤滩水电站淹没区（云南）重点保护野生植物移栽方案》，采取实地踏查、对移栽的1513株重点保护野生植物逐一进行清点，统计已经成活及已死亡的重点保护野生植物，折算成活率。

二、验收结论

通过验收人员实地踏查、清点，该项目应移栽的重点保护野生植物（红椿树）1513株，实际移栽重点保护野生植物（红椿树）1513株，已经成活1368株，死亡145株。成活率达到90.4%，超过合同约定的65%，验收为合格。

三、后期管护

实施单位必须按照《金沙江白鹤滩水电站淹没区（云南）重点保护野生植物移栽方案》要求定期做好浇水、巡护，严防人为破坏，确保移栽树木达到《金沙江白鹤滩水电站淹没区（云南）重点保护野生植物移栽方案》要求及合同约定的2年以后保存率，管护2年后再提请县林业和草原局组织进行保存率验收。

参与验收人员签字：（签名）

验收单位：巧家县林业和草原局

2021年7月9日

成活验收

白鹤滩水电站淹没区（云南）重点保护野生植物移栽项目保存率验收及资金结算报告

　　由云南海邻劳务服务有限公司中标实施金沙江白鹤滩水电站淹没区（云南）重点保护野生植物（红椿树）移栽项目，在2021年3月19日进行了种植阶段验收，根据《金沙江白鹤滩水电站淹没区（云南）重点保护野生植物移栽方案》相关技术标准和《金沙江白鹤滩水电站淹没区（云南）重点保护野生植物移栽项目施工合同书》中"以成活率和保存率为依据进行验收，红椿成活率（移植后3个月）65%以上为合格"，保存率（2年后）60%以上为合格"的验收标准及云南海邻劳务有限公司提交的红椿树移栽保存率验收申请，2023年5月10日，由县林业和草原局牵头，县林业和草原局、县移民投资服务中心相关领导和技术人员，云南中大咨询有限公司监理人员和云南海邻劳务服务有限公司负责人共同对金沙江白鹤滩水电站淹没区（云南）重点保护野生植物移栽项目管护2年后的保存率进行了验收，验收结果如下。

一、验收方法

　　验收人员根据《金沙江白鹤滩水电站淹没区（云南）重点保护野生植物移栽方案》，采取实地踏查、对移栽的1513

白鹤滩水电站淹没区（云南）重点保护野生植物移栽管护成效、保存率验收申请

巧家县林业和草原局：

　　云南海邻劳务服务有限公司负责施工的金沙江白鹤滩水电站淹没区（云南）国家Ⅱ级保护野生植物红椿抢救性移栽工作于2020年12月14日开始，至2021年3月5日，全面完成施工。贵局于2021年3月19日对工程进行了竣工验收，验收为合格。于2021年7月9日，贵局组成验收组对移栽成活率进行验收，验收为合格，存活率为93.5%，达到合同约定的移栽要求。

　　至2023年3月20日，我公司已按合同要求管护2年。经过公司2年的细心管护，移栽红椿保存好，长势旺盛，我公司自查，移栽2年后至2023年3月20日止，红椿保存90.8%。

　　根据《金沙江白鹤滩水电站淹没区（云南）重点保护野生植物移栽项目施工合同书》（合同编号：YNHL2020-DSYZ-007）约定，至2023年3月20日，我公司管护已到期，且已圆满完成了合同约定的所有工作内容，并在规定保存率的基础上大幅提升了移栽红椿的保存率，长势优良。目前已到管护成效及保存率验收时间，特申请贵局及时组织移栽红椿保存率及成效验收为谢！验收合格后请贵局出具验收文件，将管护权限移交给贵局为谢！

　　附：白鹤滩水电站淹没区（云南）重点保护野生植物移栽工程管护报告。

云南海邻劳务服务有限公司

2023年3月20日

成效验收

图9-26　检查验收现场图

六、安全文明施工

（一）安全施工

　　（1）严格按安全管理制度执行，确保施工安全事故零发生。

　　（2）各安全负责人履职到位，确保安全工作与绩效、责任切实相符。

　　（3）施工中人人都是安全员，负责自身施工范围内的安全工作。

　　（4）每天早上出发前，统一检查安全帽佩戴等安全措施的落实情况，加强安全责任感。

（5）施工中对工器具的使用严格按要求执行，2个施工人员之间保持一定的安全距离。

（6）对运输车辆等机械的使用符合操作规范，驾驶员精力集中，不发生任何安全事故。

（7）采挖施工中注意树体的倒向，倾倒方向确保无人员、牲畜和物资材料。

（8）人员活动多的地段采挖，四周设置了警戒线和明显标志。

（9）吊装、下卸中吊钩下方确保无人员。

（10）栽植中所用的消毒剂等药剂密封放置。

（11）确保生活、施工用电安全。

（二）文明施工

（1）项目部每天清扫一次，保证项目部干净整洁，保证不见垃圾堆放。

（2）施工前做好宣传工作，充分与当地村民沟通协调，确保无施工人员与当地村民的吵闹现象。

（3）如施工中出现村民阻工现象，停止施工，协商解决后复工。

（4）施工操作规范，无野蛮施工现象，施工中的丢弃物堆放在指定地点。

（5）施工人员使用的餐具每餐前定时消毒，人员餐具固定，一人一具，且进餐时使用公筷。

（6）施工中施工人员之间不争吵，和睦相处。

（7）施工现场没有大小便痕迹。

（8）施工人员不能随意丢弃垃圾，施工现场用餐后垃圾统一收集处理。

（9）施工中对毁损的道路进行复原。

（10）施工结束后现场干净整洁，没有任何白色垃圾等。

第十章 淹没区有价值大树抢救性移栽

Chapter 10

根据白鹤滩水电站的建设进度计划，预计在2021年4月1日电站下闸蓄水，于2021年7月1日第一台机组发电。截至2021年3月初，白鹤滩水电站淹没区内（巧家县）除已经设计移栽的古树和国家重点保护野生植物红椿树外，还有部分具有观赏和利用价值的黄葛树、杧果树、攀枝花、凤凰木、橡皮榕等有价值大树，这些树种均可移栽后作为巧家县乡村振兴及村庄绿化的后备乡土树种。2021年3月1日和2021年3月5日，在巧家县委、县政府召开的相关会议上明确，将库区大树抢救性移栽纳入水电站移民工作的组成部分，由巧家县林业和草原局牵头组织力量把金沙江白鹤滩水电站淹没区内具有观赏和利用价值的黄葛树、杧果树、攀枝花、凤凰木、柳树、万年青、橡皮榕等大树，在金沙江白鹤滩水电站下闸蓄水（2021年4月1日）前进行抢救性移栽种植，可让当地移民记住乡愁，同时也可作为巧家县乡村振兴及村庄绿化的后备树种。经白鹤滩镇人民政府对辖区内具有保护价值的大树进行摸底排查，确定对胸径在12cm以上的具有较高价值的大树进行抢救性移栽。2021年3月9日，巧家县林业和草原组织召开了金沙江白鹤滩水电站淹没区大树抢救性移栽工作会议，工作会议确定需要移栽的大树约3888株，树种涉及黄葛树、攀枝花、万年青、橡皮榕、杧果树等，分4个标段进行移栽，其中负责红椿抢救性移栽的云南海邻劳务服务公司原移栽红椿项目部继续负责抢救性移栽淹没区七里—黎明标段大树。本章节以淹没区七里—黎明标段为例，全面简述白鹤滩水电站淹没区有价值大树抢救性移栽情况。

云南海邻劳务服务公司接受任务后，高度重视，保持保护植物红椿抢救性移栽原设机构不变，职能部门不变，施工班组不变，机械设备不变，原班人马立即转入淹没区有价值的大树抢救性移栽工作。

■ 一、有价值大树抢救性移栽准备工作

（一）移栽方案的编制及审批

1. 大树基本情况

（1）大树生态学特征

①黄葛树（*Ficus virens*）。黄葛树与前述古树抢救性移栽黄葛树相同。

②攀枝花［*gossampinus malabarica*（DC.）Merr.］

分布：学名木棉，分布在我国广西、广东、云南、贵州、台湾等省（区），越南、印度、缅甸、爪哇亦有分布，一般在海拔1000m以下零星分布。

生物学特性：落叶大乔木，高达25m；幼树干或老树枝条有短粗的圆锥状刺；侧枝平展。掌状复叶有5～7个小叶；小叶具柄，长10～16cm，宽4～5.5cm，无毛；叶柄长12～18cm。花簇生于枝端，先叶开放，直径约10cm，红色或橙红色；花萼杯状，长3～4.5cm，常5浅裂；花瓣长8～10cm；雄蕊多数，合生成短管，排成3轮，最外轮的集生为5束；子房5室。蒴果长10～15cm，木质，裂为5瓣，内而有绵毛；种子倒卵形，光滑。

生态学特性：为阳性树种，喜生于干热气候、石灰岩地带的平坦地及江河两岸的冲积土中，在日光充足的地方开花良好，在强酸性红黏土上则生长不良。萌芽力强，抗寒力中等，能耐0℃低温，在绝对低温-3℃时，幼苗和幼树枝梢受害枯死。

③橡皮榕（*Ficous elastica* cv. Deco-ra）

分布：我国台湾、福建南部、广东、广西、海南、云南均有栽培，以海南和云南栽培较多。

形态特征：树冠大，广展，树皮灰白色，平滑。叶片具长柄，互生，厚革质，长椭圆形至椭圆形，长8～30cm，宽7～9cm，顶端圆形，基部圆形，全缘，深绿色，有光泽，侧脉多而明显平行；托叶单生，披针形，包被顶芽，长达叶的1/2，紫红色，脱落后有环状遗迹。雌雄同株，果实成对生于已落叶的叶腋，熟时带黄绿色，卵状长椭圆形；瘦果卵形，具小瘤状凸体。

生态学特性：热带树种生长快。适应性强，耐阴、耐风、抗污染、耐剪、萌芽力强、易移植。因其秋季开花，冬季结果，因此没有明显的休眠期。在30℃以上的气温下生长最快，生长适温为20～25℃，怕暑热，不甚耐寒。冬季温度低于5℃时易受冻害，但也能耐短时间5～6℃的低温。喜光和温暖、湿润气候，亦能耐阴，在黏土中生长不良，能耐碱和微酸。喜大水大肥，不耐瘠薄和干旱。要求较高的空气

湿度，在干燥空气中叶面粗糙，失去光泽。

（2）大树调查。方案编制单位与白鹤滩镇人民政府共同对淹没区的大树进行了摸排调查，由于时间紧，任务非常重，调查是分类进行初步排查的。本次抢救性移栽大树全部在巧家县城与金沙江中间地带，海拔830m以下，整体坡向为西坡，生长环境相同，区域相近，因此只调查大树的树种、径阶、树高等基本因子。

根据实地调查，白鹤滩水电站淹没区七里—黎明标段共需要抢救性移栽具有价值的大树288株，树种有黄葛树、攀枝花、橡皮榕等，按径阶统计见表10-1。

表10-1 水电站淹没区抢救移栽七里—黎明标段大树按径阶统计表

径阶/cm	12~20	20~30	30~40	40~50	50~60	60~70	70~80	80~90	90~100	100~110	110~150	合计
黄葛树	18	23	25	29	25	10	29	9	6	3	2	179
攀枝花	—	4	10	26	24	17	7	1	3	1	1	94
橡皮榕	1	5	1		3	4	1	—	—		—	15
合计	19	32	36	55	52	31	37	10	9	4	3	288

2. 移栽地的选择

根据近地移栽原则，移栽地选择在淹没线以上200m以内的范围，七里—黎明标段288株大树移栽地选择在白鹤滩镇莲塘垫高区，莲塘垫高区移栽地面积约3.3hm²，移栽距离约8.0km，该地块为移民安置弃土区，沙石含量较高，必须客土才能保证成活。

莲塘垫高区在原昭巧二级公路旁，交通十分便利，手机信号全覆盖，大树运输十分方便。移栽地如图10-1所示。

图10-1 莲塘垫高区现状示意图

3. 移栽方案编制及审批

根据调查现状摸排调查，以及移栽地的环境状况，编制单位编制了符合实际、可操作性强的简易移栽方案。移栽方案经专家评审通过后，由巧家县林业和草原局审批办理了采伐（挖）证。

（二）施工组织及物资准备

施工组织以及机构职责保持红椿抢救性移栽不变，原班人员进行大树抢救性移栽。物资准备也与红椿抢救性移栽相同，只是增加了大吨位（20t）的运输车辆1辆、20t吊车1台。挖机、吊车、运输拖车均是经有关部门年审合格，并按照使用技术性能、承载能力和使用条件正确操作、合理使用的。

（三）运输线路准备

七里—黎明标段大树抢救性移栽距离约8km，运输线路首选从采挖地出发，通过滨江大道，再沿原昭巧二级路约2km到移栽地。如果滨江大道出现不通行的情况，则备选路线从采挖地运输到县城北主公路后，沿过境线向南出城，再沿原昭巧二级路约2km到移栽地。施工前，项目部与建设单位、交通、市政、公用、电信等有关部门进行了充分沟通、协调，办理运输过程中的必要手续，确保了运输道路通畅。

■ 二、有价值大树抢救性移栽

（一）移栽地的准备

1. 栽植穴

根据移栽地的实际情况，本次大树移栽定点、放线、布局后开始挖穴，按常规栽植挖穴，栽植穴的形状为圆筒状，大小比大树土球的直径大50cm左右，栽植穴的深度应比土球的高度大20cm左右。本次抢救性移栽时间相当紧迫，大树没有进行单独编号，因此栽植穴采用按大树径阶不同，分类进行挖穴，不同径阶的大树数量，挖相对应的坑穴备用，待大树运输到移栽地后，根据不同的径阶选取相对应的坑穴。开挖栽植穴以小型挖机为主、人工为辅进行，小型挖机挖出坑穴后，人工进行整饬，在大树运输至坑穴旁后，根据土球的大小再进行修整。

2. 客土

由于移栽地石砾较多，平均含量在40%，有的高达70%以上，有的地段甚至没有土壤，因此需要采用客土进行栽植。客土采用大树原生地土壤，原生地在白鹤滩水电站淹没区，因此采用原生地肥力相对较高的土壤，加入5%的羊粪后进行拌匀，作为栽植客土。大部分用于栽植穴的回填土，如果没有土壤的地段，需要进行全面覆土后才进行栽植，如果栽植穴较大，对坑穴进行回填改良后进行栽植。莲塘垫高区客土见图10-2所示。

图10-2　莲塘垫高区客土示意图

3. 支撑

为防止树体倾斜，采用竹子或木棍进行支撑，根据树体大小采用多角桩支撑。

4. 供水

莲塘垫高区旁边有水井，完全可以满足栽植管护用水。施工中采用水泵连接DN100PE塑管，从水井抽水后直接引至移栽地进行浇水。

（二）大树的修剪

淹没区大树抢救性移栽时间较为仓促，因此修剪大多采用了截杆式的，保留主体树干即可。也有部分大树根据景观绿化的要求，保留了原生美学价值，采用了截枝式修剪。主要根据树体的原生形态、生长地点地势情况以及运输条件而定。

（三）大树树干保护

采挖前清理树干基部，然后从树体根部至主干2m左右进行保护，同时对树干上部或主、侧枝在起吊和推倒时需要着力位置也进行保护，长度为50cm左右。保护时采用草绳缠绕树体，然后在草绳周围钉上长方形小木板，固定草绳的同时，在起吊及机械推倒树体时有较大的缓冲作用，不易损伤树体。

（四）大树的采挖及土球包扎

虽然该案例抢救性移栽时间相当紧，但所有技术环节均不能减少，不能对树体造成大的损伤，因此采挖与前述古树抢救性移栽相同。根据移栽树种特性、大小、树木年龄、土壤条件、运输条件等综合考虑，土球直径为大树胸径的5倍，土球的高度为土球直径的2/3。采挖时为了减轻土球重量，先铲除树根周围的浮土、瓦砾等杂质，以树干根部为中心，比规定土球大3~5cm画一圆圈，并顺着此圆圈往外挖沟，沟宽60~80cm，深度以到土球所要求的高度为止。修整土球时用锋利的铁锹，遇到较粗的树根时，用锯或剪将根切断，切忌用铁锹硬砸，以防土球松散。当土球修整到1/2深度时，可逐步向里收底，缩小到土球直径的1/3为止，然后将土球表面修整平滑，下部修一小平底。在挖掘时应尽量保证主根的长度与土球的完整性，以提高移栽成活率。

在大树起挖过程中，对老根、烂根进行修剪，修剪后对伤口进行处理，促进愈合。如侧根保护完整，主根可尽量缩短。

本次大树抢救性移栽全部采用草绳包装土球，为保证土球完整，大树采挖过程中应边挖、边修剪、边包扎。由于移栽距离较近，当天采挖必须当天栽植，有部分大树采挖后没有对土球进行包扎，推倒后立即运输到栽植地进行栽植，时间间隔短，也保证了移栽的成活。

（五）大树的吊运

大树采挖放倒后，处理完伤口，立即进行起吊装车。由于大树树体较大，采用水平起吊进行装车，起吊时树干着力点应进行保护，绕缠草绳后钉木板，操作仔细，运行缓慢，轻起轻放，起吊时树梢截枝端装有牵引绳，以保持树体平衡。

运输所选用车辆为东风20t拖车，装车技术与古树抢救性移栽相同，装车前在车尾固定横梁，车厢底部铺上草垫、轮胎、棉絮等软物，再进行装车。装车时根据树体大小确定装车量，土球在车头方向，靠近车头箱板。大树放落车厢后，用软绳将树体固定牢固，空隙处垫软物，以不损伤树体、装车稳固、不掉落为宜。如果装车不牢固，运输中极易发生安全事故，不仅使树体受到损伤，而且使人、财、物受到损失。同时，装车要根据运输道路选择树体在车厢内的放置方向，高处不能碰触道路上方固定物。

确定吊装稳固后，按照既定线路运输。运输前核对大树径阶大小，与栽植组进行沟通，对接下卸地点。每次运输至少2人护车，监视大树情况，安全通行。本次所选择运输路线路面宽敞，完全能满足运输大树要求。但在运输时还需要配备油锯、锄头、长竹竿、草绳等，以备紧急情况下现场处理使用。运输途中如遇临时物体阻碍树冠枝杆，先行移除临时阻碍物，待车辆通行后复原。运输驾驶员必须持证上岗，起吊时应有专人指挥，专人负责所需工具、吊具、吊带的检查，吊带强度应满足起吊树体重量许可的安全要求，并按规定检验合格。

运输前项目部已与巧家县交通、运政等各部门进行了沟通、协调，必要时由交管部门进行疏导，确保运输顺利。在运输过程中，对运输车辆触及树干的部位都特别加以了保护，避免树皮和韧皮部受伤，同时控制运输速度，减少了由于车辆颠簸对树体所造成的不必要损伤。

（六）大树下卸

大树运输到移栽地后立即卸车，卸车位置根据大树径阶所对应的移栽坑穴下卸。为避免二次搬运损伤大树，也使起挖到栽植间隔时间最短，下卸时吊起大树土球落放在栽植穴旁，即下即栽。大树下卸采用水平起吊，下卸在相应的栽植穴旁，大树被缓缓吊起离开车厢时，应将运输车辆立即开走，再将土球徐徐放下，土球落在离栽植穴20cm处，使树体倾斜平稳，再慢慢放平大树，平缓放置。大树下卸后立即进行根系二次修剪，消毒，处理伤口后入穴栽植。

（七）大树二次修剪

1. 拆除土球包扎物

大树下卸后，拆除土球包扎物。拆除土球包扎物时，树体松动，保证施工安全，不能二次损伤树体。如土球没有进行包装的，则下卸后立即对根进行第二次修剪。

2. 二次修剪

栽植前对根系进行二次修剪，对损伤的断根、多余细根进行二次修剪，修剪时剪口要平整。特别是未包扎土球的对根系损伤较大，二次修剪相当关键，对所有断根、损伤根均要剪除。

3. 伤口处理、消毒

修剪后对伤口进行处理，处理方法为消毒、涂抹愈合剂。本次伤口处理全部采用国光牌消毒杀菌剂和伤口愈合剂。栽植时对栽植穴及回填土同时进行消毒。二次修剪、伤口处理见图10-3所示。

根系二次修剪　　　　　　　断枝二次修剪　　　　　　　　伤口处理

图 10-3　大树二次修剪、伤口处理现场图

（八）大树栽植

大树抢救性移栽时间为2020年3月，部分大树已全部发芽，进入了大树生长期，不仅整个移栽工作时间紧迫，而在大树起挖到栽植的时间间隔也要求越短越好。

1. 入穴回填

伤口处理后即启动吊车，慢慢将土球吊至坑穴，当土球入穴后起吊树干吊带，使树体慢慢立起，树干直立，然后稳住吊带，使大树立于坑穴中心，并保持树体正立，树干与根在同一垂直线上。

大树方位摆正直立后，人工回填土，回土时将经改良的客土入穴，分层筑实，当回填达20~30cm厚时用木棍将其筑实，筑土时应朝土球底部中心方向用力，使回填土与土球底部充分接触。

2. 支撑

当回填土厚度达到土球厚度的1/4（基本稳固）时轻下吊钩，如树体直立不动，即稳住吊钩，用竹竿和木棍进行大树支撑，如树体有斜倒趋势，应重新正立树体，加土回填并筑实，至树体不动时为止。回填时夯实土球与坑穴之间的缝隙，以达到不让树体旋转移位，施工中注意避免因树体移位，二次起吊栽植损伤树体。

3. 浇第一次定根水

大树栽植通过第一次回填土、支撑固定后，对根系较少的大树用喷雾器对根部泥球四周喷洒50mg/kg的生根粉剂，再进行第二次回土，回土时采取分层填土筑实的方式进行，当回填土高度达到土球高度的4/5时，放下吊钩，撤离吊车，利用未填满土的沟槽浇定根水至坑面，浇透后再覆土至地平面。

4. 围堰浇水

覆土完成后，在大树根部用石块或硬土砌15cm厚的堰台，围绕树干形成环形堰槽，用于二次浇定根水和后期管护浇水。第二次浇定根水，直至浸透为止。浇水时，如遇土壤坍陷漏水，则应先填土堵漏后再补水。大树栽植部分施工图如图10-4所示。

人穴

正立

回填土

浇定根水

图10-4　大树移栽现场施工图

■ 三、施工管理

（一）管理制度

施工人员全部为红椿移栽的原班人员，施工方式也大致相同，因此管理制度也与红椿移栽一样。

（二）实施管理

1. 时时监管

大树抢救性移栽施工中时间短且仓促，项目经理亲自到场负责监管。同时各施工组组长对该组的施工时时把控，发现有操作不规范的立即停止整改，确保施工既安全又符合技术规范。

2. 早、晚会议

施工期间每天早上出发前，统一集合，分配、讲解当天工作任务、技术环节、物资使用、注意事项、对安全操作的要求，并检查每个施工人员安全帽等安全措施是否准备到位。

每天晚上集中开会，汇报当天工作，交流施工中出现的情况，总结经验，准备第二天的工作。

四、管　护

（一）管护组织情况

1. 管护时间

（1）管护期限：本次大树抢救性移栽管护期为1年。
（2）管护时间：从2021年4月10日起至2022年4月10日止。

2. 管护人员组织

管护由云南海邻劳务服务有限公司组成5人管护小组，将任务明确到人，对管护人员进行培训后开展管护工作。

（二）大树管护

1. 浇水

莲塘垫高区为安置区弃渣土区域，不保水，管护浇水尤为重要。管护期每周沿堰槽浇水，浇水必须浇透，同时向树干、树冠喷洒水，保持树体水分平衡。浇水时勤观察，雨水天土壤湿润不用浇水。

2. 输液

大树移栽后根系吸收功能差，加上移栽地不保水，根系吸收的水分和营养不能满足树体蒸腾和生长的需要，施工中采用输液方法补充树体营养和水分。本次移栽中全部采用国光牌营养液进行输液。

3. 树干保湿、保温

大树移栽后，为减少树体蒸腾，同时也可为大树冬季时防寒保暖，用保湿布包裹树干，减少水分蒸腾，同时冬季保持树体温度。

4. 除草

管护期移栽塘土壤疏松，客土肥力较高，湿度较大，因此杂草丛生，需要进行除草，防止杂草争肥及影响根部透气等。

5. 围堰修复

浇水会导致围堰坍塌，有时甚至冲平围堰，需要定期修复围堰。

6. 病虫害防治

时时观察移栽大树病虫害情况，刚长出的新叶容易受虫害影响，也会出现叶枯病等，需要对移栽大树进行病虫害的防治。常见病虫害有炭疽病、叶斑病、大卷叶螟等。

（1）炭疽病

①危害症状：炭疽病主要是危害大树的叶片，叶片发病后会在叶尖、叶缘出现许多斑点，斑点逐渐扩大成斑块。斑块呈现出不规则形状，颜色较深，可用肉眼看见轮纹的存在。斑块上出现的黑点就是炭疽病菌的分孢盘，最后导致发病叶片逐渐黑化枯落。

②防治方法：在冬春季节做好清理工作，将落枝、落叶及杂草等集中清理并做烧毁深埋处理。然后在移栽地喷药1次，降低发病率。药剂可使用百菌清、甲基托布津等药剂，其防治效果比较明显，根据天气变化及发病情况等1周喷洒一次，持续1个月左右。

（2）大卷叶螟

①危害症状：大卷叶螟主要的危害部位为叶片及根部，成虫以叶片为食，幼虫产卵在地下，孵化后在地下以根部为食。叶片受到大卷叶螟危害后会出现穿孔、卷叶的各种现象，导致大树大量落叶，降低大树光合能力。根部受到幼虫啃食后会影响营养吸收，导致树体生长不良。

②防治方法：首先要加强田间管理，做好除草工作，及时清理落枝、落叶，破坏大卷叶螟的生长环境。然后要剪除因大卷叶螟危害而形成的筒状叶，做好幼虫、虫卵的消灭工作，防止继续繁殖。当情况严重的时候，要适当喷洒桃小灵乳油等药剂，降低虫口的密度，防止扩大受害面积。

（3）叶斑病

①危害症状：通常出现黄棕色或黑色斑点、叶卷缩、枯萎、早期落叶等症状。

②防治方法：叶斑病可摘去病叶，喷洒波尔多液。

7. 巡护管养

移栽前制定了健全的巡护管养制度，安排专门的巡护人员。大树移栽设立了5人制的专班管护组，在一年的管护期内对移栽大树进行巡护，防止人畜破坏并做好记录，形成管护报告。大树移栽部分管护示意见图10-5所示。

输液　　　　　　　　　浇水　　　　　　　浇水、除草

图 10-5　大树移栽管护示意图

五、验收、移交

（一）验收

1. 竣工验收

2021年4月15日，施工单位向巧家县林业和草原局提出工程竣工验收申请，2021年4月10日，巧家县林业和草原局组织工程竣工验收。经验收，施工单位严格按施工方案及施工组织设计进行施工，操作规范，竣工验收合格。

2. 成活验收

本次大树抢救性移栽时处于生长期，为反季节移栽，移栽后大树即发芽。2021年7月28日，巧家县林业和草原局组织了成活验收，验收组到现地通过检查成活情况，查看成活株数，大树生长正常，长势良好，存活率为92%，验收为合格。

3. 成效验收

管护期结束以后，2022年4月20日，施工单位向巧家县林业和草原局提出淹没区大树抢救性移栽管护成效、移交验收申请，巧家县林业和草原局于2022年4月25日主持成效保存验收。经验收组实地检查验收，经一年管护期，大树长势优良，生长旺盛，移栽株数保存率达90.5%，成效验收为优秀。成效验收现场见图10-6所示。

查数株数　　　　　　　　　　　　　　　核对胸径

移栽成效

图10-6　成效验收示意图

（二）移交

经成效验收合格后，施工单位向巧家县林业和草原局提出移交申请，巧家县林业和草原局根据成效检查验收情况，按移栽方案，批准移交，办理了移交手续。至此，白鹤滩水电站淹没区七里—黎明标段大树抢救性移栽工程正式结束。移交时大树成活现状见图10-7所示。

图 10-7　移交时大树成活现状图

参考文献

[1] 北京市园林局. 北京市大树移栽施工技术规程(2001) [S].

[2] 北京市质量技术监督局. 园林绿化工程施工及验收规范(DB 11/T—212—2017) [S].

[3] 上海市园林局. 上海市大树移栽技术规程(1996) [S].

[4] 贵州省住房和城乡建设厅. 贵州省城镇园林绿化工程施工及验收规范(DBJ 52/T 109—2021) [S].

[5] 四川省建设委员会. 城市园林绿化技术操作规程(DB 51/50016—1998) [S].

[6] 昆明市园林绿化局. 园林绿化工程验收规范(DB 5301/T 23—2019) [S].

[7] 广西壮族自治区质量技术监督局. 大树移栽技术规程(DB 45/T 1821—2018) [S].

[8] 邓华平, 刘庆阳, 杨小民, 等. 大树反季节移栽技术与应用实例[M]. 北京: 中国农业科学技术出版社, 2018.

[9] 丁朝华. 园林树木移植技术[M]. 武汉: 华中科技大学出版社, 2013.

[10] 国家林业和草原局, 农业农村部. 国家重点保护野生植物名录[Z]. 2021.

[11] 中国植物志编撰委员会. 中国植物志[M]. 北京: 科学出版社, 1997.

[12] 中国树木志编委会. 中国主要树种造林技术[M]. 北京: 中国林业出版社, 1981.

[13] 郑万钧. 中国树木志·第一卷[M]. 北京: 中国林业出版社, 1983.

[14] 卢靖, 张劲峰. 德宏傣族景颇族自治州主要珍贵用材树种栽培技术[M]. 昆明: 云南科技出版社, 2016.

[15] 刘勇, 杜建军. 城市树木栽植技术[M]. 北京: 中国林业出版社, 2017.

[16] 叶要妹. 160种园林绿化苗木繁育技术[M]. 北京: 化学工业出版社, 2011.

[17] 魏岩, 石进朝. 园林苗木生产与经营[M]. 北京: 科学出版社, 2012.

[18] 杨德勇, 郑克锐. 影响野生红椿抢救性移栽成活率的敏感性因素分析[J]. 农业开发与装备, 2023(7): 210.

[19] 覃俊祺. 河池市结籽桂花大树移栽技术[J]. 现代园艺, 2009(7).

[20] 刘凯. 风景园林绿化中的大树移栽及养护管理技术研究[J]. 绿色环保建材, 2016(11): 238–239.

[21] 俞赟峰. 风景园林工程大树移栽施工技术的实际应用研究[J]. 中国房地产业, 2020(1): 257–258.